霊性農業入門

豊受式自然農講演録

由井寅子

日本豊受自然農　代表・百姓

霊性農業入門　目次

第1章　霊性農業入門 …… 05
食糧は国防の要 …… 06
霊性とは？ …… 07
霊格とは？ …… 09
プラーナとは？ …… 10
インナーチャイルドとは？ …… 11
どの霊性を考慮する必要があるのか？ …… 14
霊性のギャップが作物に悪影響を与える …… 20
畑や田んぼを神聖な場所にする …… 29
無駄口を叩かない …… 31
その他の霊性のギャップ …… 32
霊性農業に大切な心構え …… 33
作物のお世話をする農業 …… 34
作物が実ったときに喜び感謝する …… 35
草取りは心構えが大事 …… 36
ヒエとり …… 37
遺伝子とは？ …… 38
第2章　食・心・命を繋ぐ自然農 …… 43
はじめに …… 44
豊受自然農が考える自然農は、
　作物のお世話をする農業 …… 45
自然な種が最も大事 …… 46

人工交配を繰り返し過ぎた作物の問題……49
豊受米について……52
種の劣化がすさまじい……54
自然型農業で一番大切なものは信仰心……55
豊受自然農がもっとも
力を入れている霊性農業……59
信仰心とは？……61
人間は生かされている……62
人類から信仰心が失われ、未払いのカルマとなる
ビル・ゲイツが人口削減を意図的に行っている……63
心作りと土作り……64
田んぼや畑は神聖な場所、
その神聖な場所を穢さないこと……65
土壌菌は腸内細菌の反映……68
御古菌……69
御古菌の使用方法（A・B共通）……74
御古菌の使用例①……77
御古菌の使用例②……79
御古菌の使用例③……83
自然型農業の基本……88
虫の役割……96
加工の基本……108
Q＆A……109

本書は、日本豊受自然農代表・由井寅子が
２０２４年８月17日に行った『霊性農業』の講演録と
２０２４年６月23日に行った見沼の里の講演をまとめたものです。

第1章　霊性農業入門

（2024年8月17日の講演録）

■食糧は国防の要

食糧は国防の要です。日本国や国民を大事に思うなら、減反なんてもってのほかです。お米が余ったら国が買い上げ備蓄することです。自国の主食を海外に頼ることはもってのほかであり、国内自給率を徹底的に上げていくことによって日本国が亡国にならずに済むでしょう。

しかし、この国はそれをやらないので、一人ひとりが畑や田んぼをもち、なるべく自分たちの食い扶持は自分たちで自給できるようになることが望ましいです。

日本豊受自然農では、それができるよう皆さんに豊受式自然農を教えていきたいと思いますし、責任をもって畑や田んぼをやれるなら、そして土地が余剰にあれば皆さんに貸して行こうと思っています。

種については、過度に品種改良したものや、特許のついたものなど使わず、在来種、固定種を使って農家が自家採取した種を使っていくことが大事です。人間の欲で品種改良すればするほど、作物の命に人間の欲が入り込み、劣化（霊性の低下）を促進してしまうからです。

■霊性とは？

霊性とは魂の状態を言います。ですから霊性農業とは、魂の状態を考慮した農業と言えます。

じゃあ、「魂ってなぁに？」と思うでしょう。目には見えませんが一番大事なものです。魂というのは、存在目的です。

この世に目的をもっていないものは存在しません。

人間が作るものは、ある目的、ある意図をもって作られます。

人間が作るものには、作る者の意図が宿り、それが魂となり、その目的を果たすことに喜びを感じます。

この机にはこの机を設計した人の意図が宿っていて、その設計図に基づき作り上げた職人の意図、意志、願いが宿っています。

机に意図や意志、願いなどないと思うかもしれませんが、そうではありません。意図をもって作られたものには魂が宿り、独立した意志をもちます。

たとえば、この机、ここで人が仕事をしたり、本を読んだり、食事をしたり、ここでよい時間を過ごすことを願って作られたものならば、その願いが魂として宿り、人がこの机を使って充実した時間を過ごす時、自分の役割を果たしていることに喜びを感じるのです。

ましてこの机を使っている人から、「机さん、いつもありがとう！」と感謝を捧げられたら、この上ない幸せを感じるでしょう。物というものは単なる物ではなく、魂が宿っていて、願いをもち、喜び悲しみを感じる存在なのです。粗末に扱われたり、役立たずと罵られたらやっぱり悲しくなるのですよ。

人間が作るもの以外は、全て自然です。動物、植物、昆虫、微生物、石、海、雲、雨、空、大地、これら自然は全て神さまが作ったもので、神さまの意図、意志、願いが宿っています。ですから、この世に存在する全てには魂が宿っていて、霊性というものがあるんだということです。

そして魂の状態がよいか悪いかは、農業をやる上でとても重要になってきます。

これは何も農業に限ったことではなく、霊性というものは、人が生きる上でも重要だし、あらゆる全てにおいて重要なものなのです。

■霊格とは？

由井寅子の霊性はいろいろな味わいがあります。たとえば、今世も過去世もそして先祖も辛い人生だったため被害者意識が強いとか、辛い人生を歩んでいる人にはすこぶる優しいなど、いろいろな特徴があります。

このように数ある霊性の特徴の中から、霊性の高さだけを取り出し数値化したものを霊格と言います。

ちょうど由井寅子という人はいろいろな特徴がありますが、その中から身長の高さだけを取り出すと、身長1メートル52センチとなるのと同じです。

たとえばこの机ですが、人々がよりよい時間を過ごすことを意図して作られた机であれば、霊格3万ぐらいあるかもしれません。

一方、「とりあえず金が手に入ればいいから面倒くさいけど作っただけで、この机を使う人がどうなろうと知ったことではない」という思いをもって作られた机であれば、この机の存在目的は希薄になり、人のためによい働きをしたいという願いもなく、「ところで俺って何のために存在しているんだっけ？」という感じになりかねません。このような机であれば、霊格1500ぐらいしかないでしょう。

存在目的が高尚であればあるほど霊格は高くなります。

ご神仏さまの存在目的は、おそらく「全てを愛する」とか、「全てを絶対幸福に導く」というようなものだと思います。このような高尚な目的をもち、その目的に沿って行動していると霊格はものすごく高くなります。

■プラーナとは?

存在目的からは、意志の流れが生じますが、この意志の流れをプラーナと言います。プラーナが流れると、それが現実を動かす力となり、目的が達成されます。プラーナの流れる量が大きいと霊格が高くなります。

人間にももちろん霊格はあり、高い霊格の人もいれば低い霊格の人もいます。人の魂は神の分霊(わけみたま)と言い、神さまと同じ存在目的をもっているはずなのですが、霊格は神さまと雲泥の差があり、めちゃくちゃ低くなっています。

それは、この世的価値観という善悪のある価値観で、自らの魂を縛っているからです。また、インナーチャイルドという抑圧された感情（未解決な感情）があることで、プラーナの流れが滞ってしまうからです。

■インナーチャイルドとは？

魂という存在目的から意志の流れ＝プラーナの流れが生じ、そのプラーナの流れが障害（悪）によって堰き止められること（思い通りにならない状況）で、プラーナが凝集し渦が形成されます。この渦が感情です。ちなみに障害（悪）はこの世的価値観（善悪のある価値観）から生じます。

意志は○○したいという願いであり、意志が凝集した感情は、強い願い＝欲です。

感情は、思い通りにならないことを思い通りにするための原動力（行動する源）として生じるのです。感情＝思い通りにしたい＝欲＝自我です。

意志の流れを邪魔している障害を取り除く原動力として感情は存在するのですが、その感情を抑圧してしまうことで、感情が未解決なものとして潜在意識に沈んでしまいます。

抑圧された感情は、それが表現されるまで消えることはありません。潜在意識に留まり続けるのです。


これがインナーチャイルドというもので、未解決な感情、未解決な欲です。

思い通りにならない状態をストレスと言います。思い通りにならないことを思い通りにしようと行動することを我慢したら、それこそが最大のストレスとなります。そして我慢することで思い通りにならない状態が持続されます。たとえ潜在意識に沈んだとしても潜在意識ではストレスが継続しているということです。

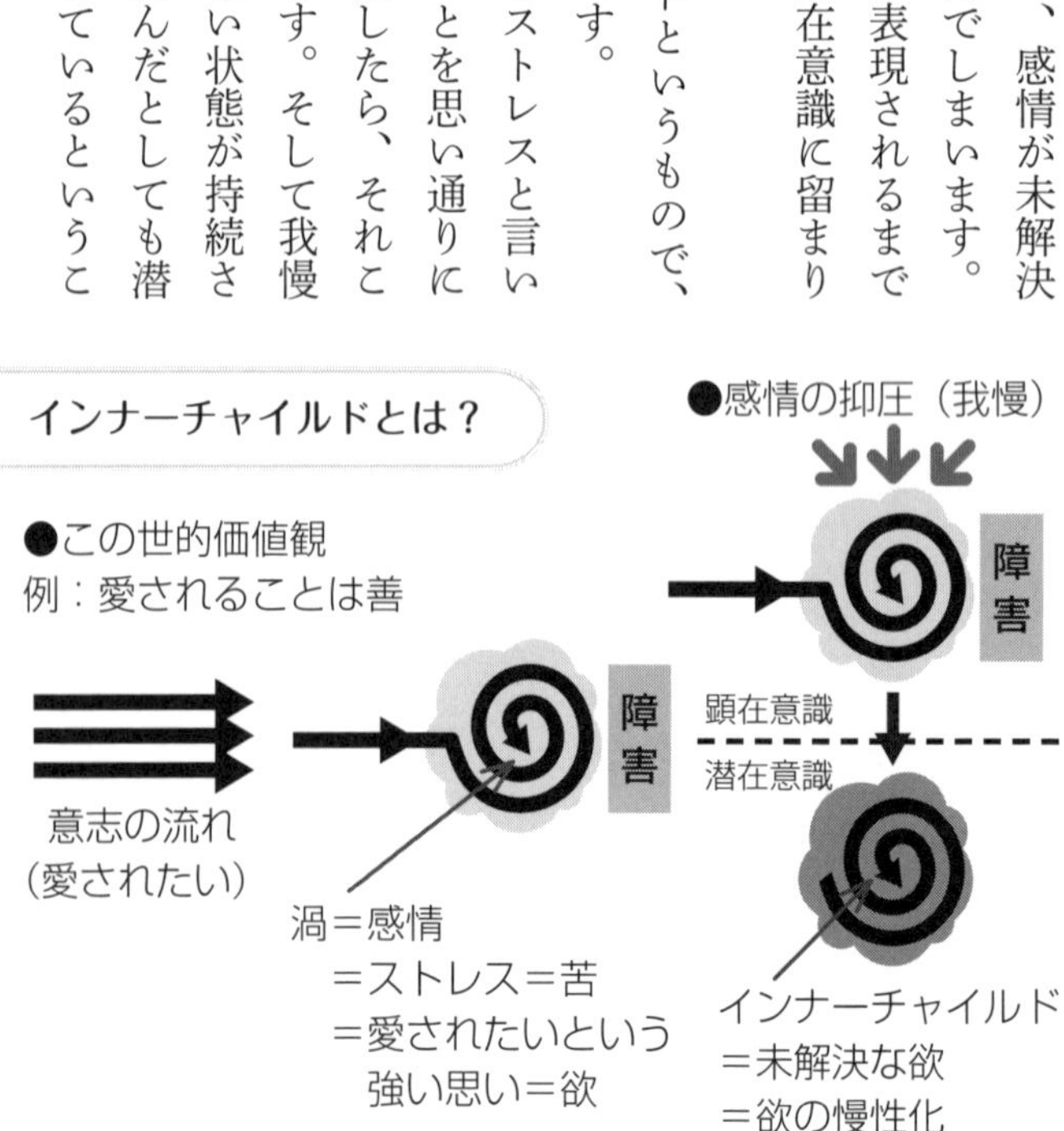

この未解決な感情、未解決な欲をインナーチャイルドといい、インナーチャイルドがあることで霊性は低くなってしまいます。インナーチャイルド＝感情のしこりが、プラーナの流れを妨げてしまうからです。

このように人はご神仏さまと同じ魂を宿しながらも、この世的価値観とインナーチャイルドによって、めちゃくちゃ霊性が低くなってしまっているのです。

ここら辺の詳しい話は、『スピリットウォーターⅠ・Ⅱ』（ホメオパシー出版）に書いていますので読まれてみてください。

ちなみに障害に遭遇したとき、思い通りに行かない障害に遭遇しても、自分の身に起きたことは必然であると受け止め、「まあーいっか」とこだわらず流して行けば、この世的価値観から霊的価値観（悪のない価値観、善だけの価値観）に移行しますので、再び流れ始めます。しかし多くの人はその出来事を必然とは取れないので、思い通りにすることにこだわります。思い通りにいかないこと、それが障害となるのです。

■どの霊性を考慮する必要があるのか？

さて霊性農業の話をするとき、どの魂の状態、すなわち霊性を考慮する必要があるのか見ていきましょう。①～⑥まであります。

①畑や田んぼの霊性（土地の霊性）とその土地の上部空間の霊性（空間の霊性）
②畑や田んぼの土地や空間を守護するご神仏さまの霊性
③作物の種の霊性
④畑や田んぼに入る人の霊性（作物を世話する人の霊性）
⑤畑や田んぼに入れるものの霊性（肥料などの霊性）
⑥畑や田んぼの作物の霊性

①畑や田んぼの霊性（土地の霊性）とその土地の上部空間の霊性（空間の霊性）

さきほど言ったように全てには魂が宿っています。土地にはその土地の魂が宿っており、空間にはその空間の魂が宿っています。

人間の肉体そのものの魂と、肉体に宿る魂を分けて考えません。たとえば、由井寅子という人間の霊性＝由井寅子の肉体に宿る魂の霊性と考えます。

同じように、土地の霊性＝その土地に宿るご神仏さまの霊性、空間の霊性＝その空間に宿るご神仏さまの霊性、と考えます。

土地やその土地の上部空間の魂の状態がよいか悪いかは、作物の出来不出来に大きく影響を与えます。

土地や空間というのは、人間の所有物であるかのようになっていますが、全く違います。全ての土地と空間は、一つの例外もなくご神仏さまのものです。

だから、家を建てるにせよ、穴を掘るにせよ、畑にするにせよ、土地や空間をいじる際には必ずご神仏さまの許可が必要となります。家を建てる前に地鎮祭をやりますよね。もしご神仏さまの許可を得ずに勝手に土地をいじったり、家を建てたりすると、その責任をとらされることになります。事故にあうとか病気をするとか、会社をクビになるとか、いわゆる不幸な状態になります。

人間が土地を購入したら、まずはそこを使わせていただくことになった者ですと、名を名乗って挨拶をしなければなりません。どのご神仏さまが土地や空間に宿っているかわからないと思うかもしれませんが、近くの神社のご祭神か近くのお寺のご本尊が宿っているケースが多いです。

たとえばここ用賀の建物がたっている土地と空間を管理されているのは、瀬田玉川神社で、そこのご祭神である大己貴命（オオナムチノミコト）・少彦名命（スクナヒコナノミコト）・日本武尊（ヤマトタケルノミコト）などの魂が宿っています。なので新しくスタッフとして来た人には、まず最初に瀬田玉川神社に挨拶に行かせます。瀬田玉川神社に行って、住所、氏名・年齢を伝え、『世田谷区玉川台2の2の3 矢藤第三ビルにある日本豊受自然農グループにて働くことになりました。何卒よろしくお願いいたします』。このような感じで挨拶するようにします。

土地や空間の霊性を下げる大きな原因は、人間の出す悪想念（残留思念）です。よい作物を作ろうと思ったら、悪想念を出さないようにし、畑や田んぼ、及びその空間の霊性を高めてあげなければなりません。

霊性を高める方法として次の二つの方法があります。

（1）畑や田んぼ、及びその空間に宿るご神仏さまに向けて祝詞、心経を唱える

（2）神ごときの御古菌（p69参照）をまく

これが霊性農業の特徴です。

ちなみに、御古菌は細かい霧状に噴霧することで一定時間空中を漂うので、空間の浄化にも一定の効果があります。

ちょっと変わった空間を清める方法があります。

飛騨一宮水無神社の手水から作ったレメディー（Hida-mina-w.）があります。このレメディーを人がとることで、とった人の霊性を通してその場に残っている残留思念を昇華してくれる働きがあります。だから農作業する人がこのレメディーをとることで、その人がいる土地や空間にある残留思念を綺麗にするのです。素晴らしいレメディーですね。

あくまで人がレメディーをとらないといけません。スプレーに入れて直接場を浄化させることはできません。

②畑や田んぼの土地や空間を守護するご神仏さまの霊性

土地や空間に宿っているご神仏さまとは別に、土地や空間を守護するご神仏さまがいます。土地や空間を守護するご神仏さまの霊性も作物の出来不出来に影響を与えます。

③作物の種の霊性

霊性の高い作物を作ろうと思ったら霊性の高い種を使う必要があります。霊性の高い種、霊性の低い種については後で説明します。

④畑や田んぼに入る人の霊性（作物を世話する人の霊性）

霊性の高い作物を作る上で、作物を世話する人の霊性は特に重要になります。そのため豊受のスタッフには霊性向上に努めてもらっています。

⑤畑や田んぼに入れるものの霊性（肥料などの霊性）

農薬や化学肥料など不自然なもの、霊性の低いものを畑や田んぼに入れると、畑や田んぼ、そして作物が穢されてしまいます。

未完熟の家畜の糞堆肥も入れてはいけません。とりわけ遺伝子組み換え作物を飼料として食べさせている家畜の未完熟の糞堆肥は絶対に入れてはいけません。畑や田んぼがプリオン様の異常たんぱく質で汚染される危険があるからです。そして、そこで作られた作物が、その病原性たんぱく質を吸い上げ、それを食べる人間に感染する危険があるからです。

豊受では貝の粉末を発酵酢で溶かした酢酸カルシウム溶液を畑にまくことがありますが、畑や田んぼに入れるものはすべて霊性を高めてから入れるようにしています。

⑥畑や田んぼの作物の霊性

田んぼならイネの霊性、畑なら、大根、ニンジン、タマネギなどの霊性が大事になります。作物の霊性に影響を与えるのが、①〜⑤の霊性です。

ですから、①〜⑤の霊性をよい状態に保つことがよい作物を作るには必要です。

■霊性のギャップが作物に悪影響を与える

このように、畑や田んぼに関わる霊性として6つありますが、この中で霊性のギャップがあると作物に悪影響を与えてしまいます。

霊性のギャップの代表として、それぞれの魂のリアル霊格と適性霊格のギャップがあります。

リアル霊格というのは、そのときの実際の霊格です。適性霊格というのは、本来あるべき霊格です。

たとえば、適性霊格3万の人のリアル霊格が3000だと、リアル霊格が適性霊格の10分の1しかないことになります。本来3万のプラーナが流れるべきところをその10分の1しかプラーナが流れていない状態ですから、エネルギー不足となります。これが霊性のギャップで、霊性のギャップがあると、作物が悪影響を受けてしまうのです。

リアル霊格と適性霊格のギャップがさきほどの①～⑥まであります。

1つずつ見て行きましょう。

①畑や田んぼ、及びその空間のリアル霊格と適性霊格のギャップ

畑や田んぼ、及びその空間のリアル霊格と適性霊格のギャップが大きいと作物は育ちません。

以前に作物のほとんどがすぐにとうが立ち、成長が芳しくないということがありました。原因を調べると、多くの畑でリアル霊格と適性霊格のギャップが大きいことがわかりました。

それで、ご神仏さまの力を借りて、畑のリアル霊格を高め、適性霊格まで上げたところ、作物が一気に息を吹き返し、成長し、豊作となりました。

畑の霊格が低くなったのは、当時のリーダーが御古菌を嫌っていて使っていなかったこと、全体的に霊性農業に対する意識の低さが原因でした。農業にも霊性が大事とほとんどの人が知りませんから無理もないのですが……。

そういう過去があって、霊性農業というものをスタッフに全面的に伝えるようにした経緯があります。

②畑や田んぼの土地や空間を守護するご神仏さまのリアル霊格と適性霊格のギャップ

土地や空間を守護するご神仏さまのリアル霊格と適性霊格のギャップが大きいと、やはり作物に悪影響を与えます。

一昨年サツマイモのツルが異様に短くおかしいなと思っていたら、サツマイモもぼこぼこになって異様な形状になっていました。原因を調べると、六本松の土地を守護する仏さまのリアル霊格と適性霊格にギャップがあることが原因でした。

六本松の畑を守護している仏さまは、畑の近くのお寺のご本尊である阿弥陀如来さまだったのですが、そのお寺に行くと予想通り、廃寺とまでは行っていませんが、常駐している住職もいない無人のお寺で、用事があると

きだけ来るという感じになっていました。

これでは適性霊格とリアル霊格にギャップが生じてしまうのもしかたがないことです。

原因がわかった日から、私は六本松の畑を守護している阿弥陀如来さまに向かって毎日心経5巻を唱えています。そのお陰で今年のサツマイモはツルも普通に長くなっており、順調とのことです。

リアル霊格と適性霊格のギャップがあるとご神仏さまでも苦しみを感じます。適性霊格が1000万あるのに、リアル霊格が100万しかないと、どうしたってエネルギー不足になります。1000万の高尚な願いがあり、意志をもっているのに、エネルギーが100万しかなく、高尚な願いを実行するエネルギーが足りません。ご神仏さまなのでストレスはありませんが、願いを果たせないジレンマというのは抱えることになるでしょう。それがご神仏さまの苦しみになるのだと思います。

阿弥陀如来さまの霊格のギャップでなぜサツマイモの成長が異常になるのか不思議に思うかもしれませんが、植物というのは霊性的にとても敏感で、霊格のギャップを敏感に感じとる力があります。これは植物に限らず、昆虫や動物なんかもそうです。もしかしたら人間だけが鈍感なのかもしれません。

サツマイモがその土地や空間を守護されている阿弥陀如来さまの霊格のギャップによる苦しみを感じ、その影響を受けてツルが成長しなかったり、サツマイモがボコボコになってしまったということです。

別の見方をすれば、阿弥陀如来さまが、私たちに阿弥陀如来さまの霊格のギャップに気づかせ修正してもらうために、サツマイモをボコボコにしたとも言えるかもしれません。

③作物の種のリアル霊格と適性霊格のギャップ

作物の種にもリアル霊格と適性霊格があり、リアル霊格と適性霊格の間にギャップがあると発芽率も落ちるし、うまく育ちません。種のリアル霊格が落ちる原因として種の保管状態や種をとるときの人の意識が大きく関わっています。

どういう意識で種とりを行ったか？　怒りながら種取りしたり、種を雑に扱ったりすると種のリアル霊格は下がってしまいます。

また、種の保存の仕方が適切でなかったり、種を保存する場所の霊性が低かったりすると、やはり種のリアル霊格は下がってしまいます。

　種の霊性ですが、種が不自然であればあるほど、必然リアル霊格も適性霊格も低い種になります。

　在来種・固定種の種を自家採取した種は霊性が高く、人間の欲で交雑させたF1種は、固定種・在来種より霊性は下がり、雄性不稔のF1種は更に霊性が下がり、ガンマ線照射による品種改良した種はさらに霊性が下がり、重イオンビーム照射、ゲノム編集、遺伝子組み換えした種は、さらに霊性が下がります。

　霊性の低い種は、リアル霊格と適性霊格のギャップも生じにくく、そういう意味では育てやすいということがあるでしょう。

　たとえば、適性霊格が１５００と霊性の低い種であれば、リアル霊格も下がっても１２００とか

作物の種のリアル霊格と適性霊格のギャップ

作物の種にもリアル霊格と適性霊格があり、リアル霊格と適性霊格の間にギャップがあると発芽率も落ちるし、うまく育ちません。

霊性が高い
↓
霊性が低い

○在来種・固定種の種を自家採取した種
○F1（雄性不稔でないF1）
○雄性不稔のF1
○ガンマ線照射による品種改良した種
○重イオンビーム照射した種
　ゲノム編集、遺伝子組み換えした種

それぐらいですから、霊格のギャップが生じにくいです。逆に適性霊格が3万の種であれば、霊性の低い人が種の採種や保存、播種などで不適切に扱うことで、リアル霊格が下がってしまう可能性が高くなります。

霊性の高い種はリアル霊格と適性霊格のギャップが生じやすく、そういう意味で育て難いという側面があります。

また、慣行農業の化学肥料、農薬を使った土地では、そもそも霊格が下がってしまっているので、霊格の高い種は育ちません。霊格が低い土地で霊格の高い種は育たないのです。そういう意味では、慣行農業の土地で育てるには、霊性の低い種が適していると言えます。しかしそこでとれる作物の霊性ももちろん低いものとなり、それを食べる私たち人間の霊性も低下します。

食の劣化が人間の霊性が劣化している大きな原因なのですが、食が劣化している大元は農業の劣化であり、農業が劣化した大元は人間の意識の劣化にあります。そして食が劣化することで人間の意識がさらに劣化するという悪循環になっています。

④畑や田んぼに入る人のリアル霊格と適性霊格のギャップ

畑や田んぼに入る人のリアル霊格と適性霊格のギャップがあると、当然作物は悪影響を受けます。

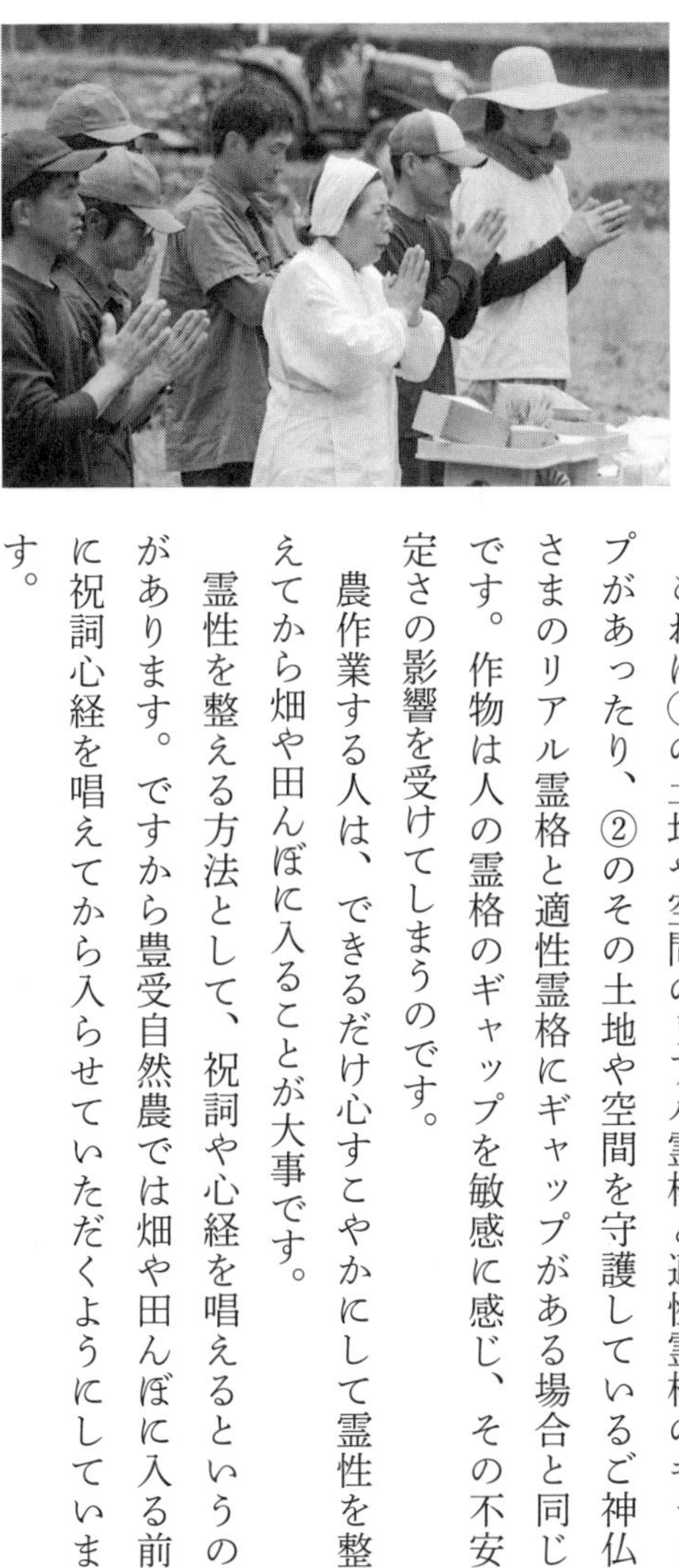

これは①の土地や空間のリアル霊格と適性霊格のギャップがあったり、②のその土地や空間を守護しているご神仏さまのリアル霊格と適性霊格にギャップがある場合と同じです。作物は人の霊格のギャップを敏感に感じ、その不安定さの影響を受けてしまうのです。

農作業する人は、できるだけ心すこやかにして霊性を整えてから畑や田んぼに入ることが大事です。

霊性を整える方法として、祝詞や心経を唱えるというのがあります。ですから豊受自然農では畑や田んぼに入る前に祝詞心経を唱えてから入らせていただくようにしています。

⑤畑や田んぼに入れるもの（肥料など）のリアル霊格と適性霊格のギャップ

肥料などの畑や田んぼに入れるもののリアル霊格と適性霊格のギャップがあると、やはり作物は悪影響を受けてしまいます。ですから豊受自然農では、畑や田んぼに入れるものはすべてリアル霊格を適正霊格まで高めてから入れるようにしています。

⑥作物のリアル霊格と適性霊格のギャップ

作物も生き物ですから粗末に扱われたり愛情が少なかったりすると感情が生じ、プラーナの流れが滞り、リアル霊格が下がることがあります。また霊性の低い人が畑や田んぼに入ってくると、引っ張られてリアル霊格が下がってしまいます。ましてインチャが出ている状態、心が乱れて不安定な状態で畑や田んぼに入るともろに作物が影響を受けます。人間の出す想念が作物に付着すると残留思念として残り、その人が去ったあとも影響を受け続けることになります。

そうして作物のリアル霊格が下がり、適性霊格との間にギャップが生じると、作物はいろいろな障害が生じてよい作物はできません。作物のリアル霊格が下がる要因として、他にも土地や空間の霊性の低さなどがあります。

■畑や田んぼを神聖な場所にする

畑や田んぼは神聖な場所であり、聖域だと考えてください。昔は皆さんそのように考えていました。

だから豊受自然農では畑や田んぼに一番最初に入るときと一日の最後に出るときに、二拝二拍手一拝一揖することを徹底しています。これをすることで意識が確実に変わってくるのです。神聖な場所に入っていくのだと意識を切り替えることができます。

畑や田んぼはもともと神聖な場所だったのですが、大元の大元は、ただの土地でした。その土地を神聖な場所にして行った人類の歴史があるのです。

どうやって神聖な場所にしていったかというと、人類の信仰心です。神聖な場所として崇拝し、敬意と感謝を込めて祈りを捧げ続けることによって、畑や田んぼが神聖な場所となっていったのです。

もちろん、あるときは神聖なるご神仏さまをお呼びして一足飛びに神聖な場所になったところもあるでしょう。とはいえ、神聖な場所を神聖な場所として維持するには、人間の信仰心、信じ仰ぎ見る心、すなわち、敬意と感謝のエネルギーが必要です。

ですから、畑や田んぼと空間に宿るご神仏さま、そしてそこを守護されているご神仏さまへの信仰心を目覚めさせ、神聖なる場所に入らせていただくという気持ちをもたせ、実際にその場所を神聖なる場所にしていくための意識作りのために、二拝二拍手一拝一揖を実行してもらっています。

武道ではありませんが、礼に始まり礼に終わる。これが霊性農業の基本と言えます。ある種真剣さが求められます。神社の昇殿参拝のようなものです。神社の拝殿の中に入るとき自ずと心は引き締まり、無駄口を慎みますよね。意識を常に作物に向けることが大事です。

■無駄口を叩かない

なので、霊性農業では無駄口を叩かないということがあります。喋りながら作業することで作物への意識が薄れてしまいます。それは、作物を無視することになるだけでなく、作物への愛情も届かなくなってしまいます。これではよい作物はできません。

もちろん、休憩中はしゃべっていいんですよ。世話しているとき、たとえば草取りしているとき、御古菌をまいているとき、収穫しているときなどに、しゃべりながら作業していてはよろしくないです。

収穫しているときは感謝の気持ちをできるだけもつことが大事です。その感謝の気持ちが種に宿り、エネルギーとなり、次に育つモチベーションとなるからです。

以前、ずっとおしゃべりしながら作業する人がいたときは、その人の担当する作物はことごとく不作となったことがあり

ました。いくら黙々と作業しなさいと言ってもできないんですね。

やがてその人はことごとくうまくいかないので自分には不向きとわかったようで辞めていきました。

おしゃべりが悪いと言っているわけではなく、何事も向き不向きがありますから、おしゃべりな人は霊性農業には向かないということです。

またおしゃべりの弊害として、仕事が確実に遅くなるし、注意力散漫となり、適切な作業ができなくなります。また、黙々と作業したい人の邪魔をすることにもなります。

■その他の霊性のギャップ

①~⑥それぞれのリアル霊格と適性霊格のギャップだけではなく、
土地や空間の霊格と種の霊格のギャップとか、
土地や空間の霊格と作物の霊格のギャップなどがあっても作物はよく育ちません。
土地や空間の霊格が種や作物の霊格よりも高ければ問題ないのですが、土地や空間の霊格が種や作物の霊格よりも低いと、よく育たないのです。

このような①〜⑥間での霊性のギャップによる問題もありますが、複雑な話になるのでここでは割愛させていただきます。

■霊性農業に大切な心構え

自分の魂が望むこと（人々に貢献すること）を利他の精神で精一杯やることが大切です。ご神仏さまと自然を敬い、ご神仏さまから畑や田んぼをお借りして、作物を作らせていただくという謙虚な気持ち＋感謝の気持ちをもち、人々の体と心を養う「食」の元である作物を我が子を育てるつもりで愛情（母性）をもって育てることが大切です。魂が望むことをする、利他、尊敬、謙虚、感謝、母性（男性であっても）、こういうことができて初めて「霊性農業」ができます。

■作物のお世話をする農業

畑や田んぼは、「人間が飢えないように必要なものをそこで作ってよろしい」とご神仏さまから許可をもらった土地です。雑木や竹が生えないように管理する必要があります。もちろん、作物の栽培がうまくいかなくなる雑草は抜く必要があります。「皆さんの食いぶち・食べ物がここでできますように」と作物のお世話をさせていただくための土地の管理です。

昨今、農薬・肥料を使わず、土も耕さない、草と雑草と木々を共生させた「共生農業」が流行っているようです。草むらに種をぱぱっと撒いて、芽が出て、草も大根も人参も一緒にいるのを良しとし、これこそが自然農であるとしていますが、それは「放置農業」だと思います。このやり方ではたくさん収穫できないので、たくさんの人に農作物を提供する農業という業〈わざ〉にはならないと思います。

農業というものは、感謝と愛情をもって一生懸命、狙いとする作物や土壌の世話をして行くものだと思います。耕耘したり、草を取ったり、肥料をやったりしてですね。田んぼなんかは特にそうです。

畑や田んぼは、ご神仏さまから人間が飢えないようにと許可をもらって作物を育てる場所なのだから、全てを自然に任せるのではなく、人が介入して、わが子を育てるように作物や土壌の世話することが大事となります。

■作物が実ったときに喜び感謝する

そして作物が実ったとき、量とか形はともあれ、実ったものを感謝と喜びの気持ちで収穫させていただきます。この作物への感謝と労い、そして収穫の喜びが作物の喜びとなり、次の種のモチベーションとなります。

また自然神の力を借りて、そして人間の高尚な思いによってこの作物はできたのです。欲をかかず、「皆さんの口に入るものが栄養となり身となりますように」と願いを込めたものなのです。

自然＝神でありますから、何も土地の微生物や栄養素だけでなく、太陽や雨や風、星々や水の力をいただき、そこに人間が意図的に人々のためにこれを作りたいと手を加え、種を土に落としています。

自然の癒しの力、慈悲の力によって、そしてそこで働く者の自然や作物に対する愛と感謝によって、その相互作用で作物ができます。

ですから、その神聖なる神のいやしろちである圃場を曇った心で穢すことはできません。

■草取りは心構えが大事

暑い中、落花生畑で雑草をとっていると、ついこの雑草のヤローと戦闘モードになりがちですが、戦闘モードで挑んではいけません。

「雑草さまも生えて育ち、子孫を残したい気持ちは分かりますが、落花生を育てる目的でこの地を自然からお借りしましたもので、申し訳ありませんが抜かせていただきます」という気持ちでやると落花生にも雑草にも負担がかからないようです。

そして戦いではなく心穏やかに雑草を抜かせていただくとともに、申し訳なさと感謝の気持ちをもって行えば、疲れることもなく雑草とりが捗ります。

このような全ての存在を尊ぶ気持ちで黙々とやると、どんどん進んでいきます。夏バテにもなりません。

「草のやろう!」と思って雑草取りをやっていたら、本当にしんどくて畑の一行も体が持ちません。

■ヒエとり

田んぼには、イネが育つ中でヒエも多く生えてます。問題は他の雑草と違い、ヒエはイネとそっくりなのです。穂の出方までそっくりなのです。もちろん無農薬の豊受ですから1本1本手除草でヒエをとっています。その時にヒエのヤローって怒ってとってはいけません。なぜならイネはヒエがいることで心が落ち着くのです。

イネの親友であるヒエを取らせていただくのですから、イネとヒエを労い、イネとヒエに申し訳ないという気持ちでとって行くことによって、イネもヒエがいなくなった寂しさを乗り越えて行けるのです。

■遺伝子とは？

そもそも遺伝子とは何もの？　導師さまに聞いて見ました。

Q：生物は進化というか、長い年をかけて環境に適応し、特殊化していったわけですが、そして、それを遺伝子として獲得し、子孫に伝わるようにしたわけですが、この特殊化する過程で獲得した遺伝子というものは、生物の意志によって獲得されたものなのか、神さまが与えてくれたものなのか、どちらなのでしょうか？

A：個々の生物の遺伝子があるが、個々の遺伝子が、その生物がもっとこうなったらいいなという望み、思いがあって、たとえば陸に上がりたいという思いというものが、積年続くうちに自然の環境とマッチしている、自然の環境に則している場合は、自然と遺伝子が変わっていく。生物の望みで遺伝子が変わっていくのであって、そこに神さまの働きはない。

神さまの働きはないが、自然に合っている場合に自然と変わっていくものであり、自然

＝神さまであるから、大自然の摂理として遺伝子は変化していくのでしょう。だから神さまの意識に則している。自然と調和している。

もう一度言うが、遺伝子が生物の思いによって変化するには条件があって、生物の思いが自然の環境とぴったり合っていること。生物の思いが長い間続いていること。この条件を満たす場合は、だんだん遺伝子が変わっていき、新しい機能を獲得したり、形態を獲得したりする。

遺伝子組換えやゲノム編集、放射線照射、ガンマ線照射、重イオンビーム照射など、遺伝子をいじくる、操作する、というのは、自然に反することで、神さまに反することに繋がる。神さまに反したものを食べるということ、体内に取り入れるということは、自分が神さまに反する行為を受け入れるということであり、自分が神さまに反する行為に加担することになる。

当然霊性は悪い方向に下がり、間違った方向に引っ張られる。霊性が間違った方向に引っ張られるので、霊性を元に戻そう、修正しようとする働きが自然と出てくる。その修正しようとする働きが、病気であり、事故であり、不運な状況、一般的に不幸と呼ばれる状況になっていく。

とのことでした。

遺伝子というのは、その生物が長い長い年月をかけて思い続けて獲得した願いそのものなのです。願いが形となって子孫に受け継ぐことができるようになった気の遠くなるような命の連鎖の果てに獲得したその生物、その種属の宝なのです。

それを人間が勝手にゲノム編集で切り取ったり、遺伝子組換えで、他の生物の遺伝子を勝手に加えたり、ガンマ線や重イオンビームで破壊していいわけがないですよね。

わかりますよね。

人間が進化の最高峰というのは疑問があります。

植物も昆虫も動物もずっと感覚的に人間よりもすぐれており、人間の意識を感知していて、観察しているのです。人間の方が植物や昆虫から観察されているのです。

神さまでも遺伝子はいじっていないのです。

遺伝子をいじることはその生物の尊厳を踏みにじることであり、許されないことなのです。

そういう許されないことをして作られた、ゲノム編集作物、遺伝子組換え作物、ガンマ線照射作物、重イオンビーム照射作物、それだけではなく、微生物界におけるゲノム編集、遺伝子組換え、ガンマ線照射などは酷いもので、やりたい放題、微生物に対する虐待です。そうして作られた微生物を利用した発酵食品など、それらを食べるということは、許されないことに加担しているんだということ。

知らないではすまされない、命を見つめて行けば自ずとわかるはず。

それがわからないほどに、霊性的におかしくなっているんだということ。

何が正しくて何が間違っているかがわからなくなってしまっているんだということ。

知ったら、許されないことには加担しないこと。

人間に元気になってもらいたいと思い、その思いが長い年月を経て受け継がれ、そうしてその結果、人間にとって栄養もあり味もよい作物が登場したと思うのです。

作物がそういう思いを持ち続けることができたのは、百姓がその作物に対して、変わらぬ愛を注ぎ続けたからではないでしょうか？

人間が長い長い年月をかけて、敬い、感謝し、育ててきたからこそ、作物が長い長い年月かけてその期待に応えたいという願いをもち続け、よい品種になってきたと思うのです。

紫外線による突然変異の蓄積で、ある日突然よい品種が生まれたというのは、ファンタジー、空想物語です。

そうではなく、人間と植物の共存共栄の歴史の中で、人間が食糧として食べるのによい品種が生まれ、そうして何百年、何千年と継承されてきたのが、今ある在来種・固定種です。

この種たちをなくしてたまるか、この種たちを守らなくてどうするのですか。

この種たちの遺伝子に込められた願いを成就させ、この種たちを敬い、讃え、感謝してきた人間の思いをもう一度取り戻し、この種たちと共存共栄していけるように、昔のようなお付き合いができるようになりたいと思って豊受自然農をやっているのです。

豊受自然農の百姓たちはこのような霊性農業というものに目覚め始めています。本当に頼もしく感じることも多くなりました。亡国にならないための鍵は自家採取の種を使った自然農にあります。

未曾有の時代を生き延びる鍵は自然農にあります。今だけ金だけ自分だけでは生きていけない時代がもうすぐやってきます。お金があっても食べるものがなければ生きていけません。

第2章　食・心・命を繋ぐ自然農

（2024年6月23日　見沼の里での講演録）

■はじめに

日本の大きな神社は大抵参拝していたのですが、なぜか氷川神社だけは参拝したことがありませんでした。いつも行きたいなとは思っていたのですけど、なかなか機会がなくて……。そうしたら今回ご招待していただきまして、素戔嗚尊(すさのおのみこと)さまに呼ばれたんだなと思いました。さきほど念願叶って参拝させていただきました。さすがに素晴らしかったです。

命の元となる作物を作る農業や種がお金儲けの一つになったことで、甚だしい食の劣化が進行しています。それは人々が、食は命を作ってくれるという思いを失った結果です。

空腹を満たしてくれればいい、安ければいい、そういう考えが蔓延している現代、このままでは人間の劣化が止まらないと思い、食の大元である自然型農業に立ち返る必要性を訴えるために、自ら行動することにしました。そうして立ち上げたのが日本豊受自然農です。静岡県函南町と伊豆の国市、そして洞爺で自然農をやっています。

静岡県函南町では75種の野菜を生産しています。田んぼは１５０反まで増えています。六本松の畑（田中山・宇佐美も含め）は70反ですから、合計２２０反の農地を持っています。洞爺では70種のハーブを育てています。

■豊受自然農が考える自然農は、作物のお世話をする農業

ここにいらしゃる皆さまは自然農でお米を作られている人、あるいは自然農を応援する人たちと聞いています。

自然農というと、農薬や除草剤、化学肥料を使わない、自然とともにある農業だと思っていると思います。中には、自然農の定義として、限りなく自然に近いということで、不耕起（耕さない）とか、雑草をとらないとか、肥料や堆肥をやらない農業とかと考えている人もいますが、豊受自然農はそうではありません。

機械で耕耘するし、雑草は取りますし、堆肥もやります。

田んぼや畑は、人間が食する食べ物、穀物、野菜を作る場所です。そのための種を使い、土壌を整え、作物を育てる特別な場所です。作物のお世話をする必要があるのです。

不耕起、雑草をとらない、堆肥・肥料をやらないというのは、放置農業だと思いますが、豊受自然農では、放置農業とは真逆の「世話すること」に重点を置いている自然農です。作物と人間の長い関係において、作物の世話することが農業の自然な形であると考えているからです。

■自然な種が最も大事

逆に自然農でも種にこだわらない人もいますが、種こそが命の大元であり、種が自然なものでなければ意味がないほどです。遺伝子組換え、ゲノム編集、ガンマ線とか重イオンビームとかの放射線照射された種など、命の源である遺伝子を傷つけたりいじったりした種は論外ですが、雄性不稔のF1の種も自然な種とは言えません。現在、多くの野菜の種がF1ですが、その多くが雄性不稔のF1の種となっています。

雄性不稔というのは、おしべができない奇形種で、それを利用して、他の品種の花粉を一斉に受粉させ、交雑させてF1の種をとって販売するのです。

おしべができない奇形種は、ミトコンドリアの遺伝子異常で、ミトコンドリアは母性遺伝するので、雄性不稔の作物からは雄性不稔の種しかできません。つまり雄性不稔のF1種から育った作物は花を咲かせたとしても、おしべができませんから、受粉できず、実を付けることができず、当然種もできません。たとえば雄性不稔のF1種から育った大根からは、大根を食べることができますが、来年用の種をとることができないということです。

こういう雄性不稔のF1種から育った野菜を食べるとどうなるでしょうか。

●雄性不稔の野菜を食べたときの霊性的問題

雄性不稔の野菜を食べると感情のコントロールがうまくいかなくなる。切れやすくなったり、不安定になったりする。感情が不安定になることでエネルギーが低下し、エネルギーが低下すると霊性が下がり、やがて器質的な病気が生じる。そういう意味で体にも害になる。

また放射線照射による突然変異育種も盛んで、全世界で二五〇〇種以上の品種が作られ、日本でもイネや大豆、麦をはじめとする多くの作物で利用されています。

●放射線をかけて品種改良した作物を食べたときの霊性的問題

放射線をかけて品種改良した作物を食べた他者が自分に対して冷たい態度をとるようになる。相手からの感情を受けて、自分も人とよい関係を築こうという意識が減ってくる。その結果、お互いに助け合うとか、信頼しあう気持ちが減ってくる。人間関係が疎遠になり、人に対して愛が減ってくる。

近年では、日本でもゲノム編集トマト（シシリアンルージュハイギャバトマト）が作られ流通されています。

ゲノム編集というのは、特定の遺伝子を狙って切り取る技術です。シシリアンルージュハイギャバトマトの場合は、ＧＡＢＡ合成酵素（ＧＡＤ）の遺伝子の一部を切り取ります。ＧＡＤ酵素は、自分で自分の力を抑える「自己抑制ドメイン」という、フタのような構造を持っていて、普段は閉じていて、ＧＡＢＡが作れないのですが、ストレス環境下にあると、フタが開いて活性化し、ＧＡＢＡを作るといった構造をしています。

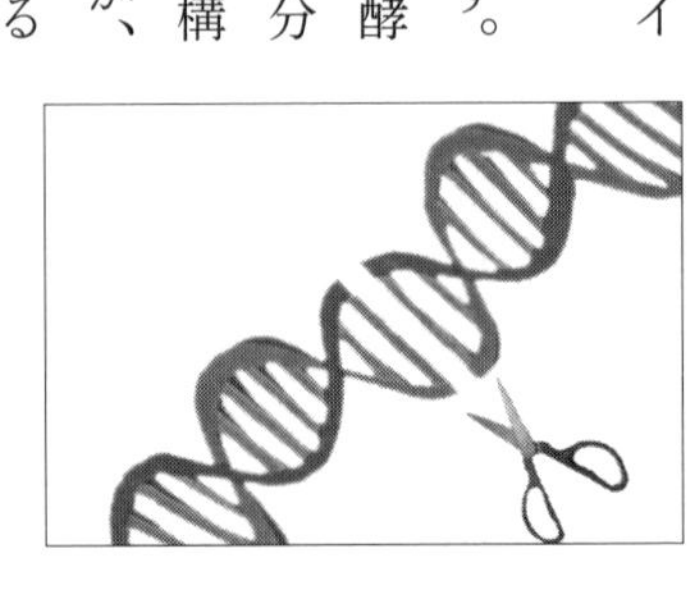

しかし、シシリアンルージュハイギャバトマトは、そのフタの部分の遺伝子がゲノム編集技術によって切り取られてないのです。ですからストレス環境下になくても常にＧＡＢＡを作れる構造になっていて、それでＧＡＢＡが普通のトマトに比べて4～5倍多く蓄積されるようになっています。

◉ゲノム編集作物を食べたときの霊性的問題

遺伝子を壊すということは、自然にあるものを壊すという形になる。自然＝神さまであるから、ゲノム編集するということは、神さまを壊すということ。完全な状態をあえて不自然な形にするのだから、病的な作物になる。自然な状態を壊すことで作物の霊性が下がる。霊性の低い病気の作物を食べることで、食べた人の霊性が下がり、病気になっていく。

■人工交配を繰り返し過ぎた作物の問題

品種改良とは、農作物をより美味しくしたり、効率よく収穫したりするために、意図的に遺伝子の組み合わせを変えることです。遺伝子の組み合わせを変えることで、新しい性質を持った品種を作ることができます。

従来の品種改良では、ある品種のめしべに、他の品種の花粉をつけて交配し、それぞれの品種が持つ性質を両方持ちあわせた品種を作り出す方法（人工授粉交配）が用いられてきました。

例えて言えば目が二重で、しかし鼻が低い男性と、目が一重で鼻の高い女性が結婚して、目が二重で鼻も高い、見映えの良い女の子ができたということです。そして今度はその女の子に頭の良い男性、しかし顔はブサイクと結婚させ、見映えも頭も良い子ができるという選抜ですね。確かに直接的に遺伝子をいじっているわけではありません。

しかし人工授粉交配はやはり人工的な品種改良であり、人間の都合に合わせて品種改良することで、人間の欲が入り込んでしまいます。

人工交配による品種改良の全てが駄目だと言っているわけではありません。純粋に人類の健康、幸せを願って人工交配する分には、もちろんよいのです。

しかし不自然な人工交配を何度も何度も繰り返すと、人間の欲が過剰に入り込むことになり、そうするとやはり不自然な食べ物、人間の健康を害する食べ物になってしまう可能性が高いということです。

欲の正体は未解決な感情（インナーチャイルド＝自我）ですが、自我が人間のエネルギーの流れを滞らせ、霊性を低下させ病気の大元となるからです。

ですから人工交配を繰り返して、不自然に人間の欲が入り込み過ぎた種も、自然な種とは言えません。

たとえば小麦のモチモチ感を優先するあまり、不自然な人工交配を何度も何度も繰り返した結果、人間にとって消化困難なω（オメガ）5グリアジンという成分を含むグルテン入り小麦になってしまったわけです。

今の市場に出てる90％以上は、このω（オメガ）5グリアジンを含むグルテン入り小麦です。それによって、多くの人が食物アレルギー、リーキーガットシンドローム、セリアック病、潰瘍性大腸炎、クローン病などの病気を患っています。小麦が食原病の大元になってしまっているのです。

『モチモチパン好き〜』とか言っていますが、それによってあなたの腸は大変な目にあってるのです。

豊受自然農ではω（オメガ）5グリアジンを含まない豊薄力子と豊強力子を混ぜてパンや麺やビスケットなどいろいろ作っています。

腸も膨満にならないし、もたれることもなくアレルギーも起きません。

ω5グリアジンを含まない
豊受の小麦でできたパン

■豊受米について

豊受自然農で栽培しているうるち米品種「豊受米」は、国内流通している米の品種では唯一選抜のみで育種され、人工交配を経験していない「朝日米」を御古菌を使った豊受式自然農で固定化した品種です。

もちろん、もち米品種との交配がない高アミロース米のため、デンプンの吸収がゆっくりで、血糖値が気になる方などにもおすすめ、体にやさしいお米です。

一方、豊受のもち米である「こがねもち」という品種は、以下のような品種です。

まず、古くからあった人工交配歴なしの福島もち米と人工交配なしの埼玉もち米を掛け合わせて「信濃もち米」ができました。

一方で、人工交配なしのうるち米である旭と人工交配なしの亀の尾を掛け合わせて「農林17号」ができました。この2つの品種（信濃もち米と農林17号）を掛け合わせてできたものが「こがねもち」です。

ですから3回しか人工交配歴をもたない、かなり自然なもち米と言えます。もちろん、命の元となる遺伝子をガンマ線を照射して傷つけたりなどしていない昔ながらの品種です。

豊受の黒米も、人工交配を経験していない南九州で代々選別されてきた黒米の良質な種籾を譲り受け、御古菌を使った豊受式自然農栽培で固定種にしたものです。

栄養価がとても高く、アントシアニン、ビタミンB1、B2、E、マグネシウムやカルシウム、鉄分も豊富です。

■種の劣化がすさまじい

今このように、種屋さんが提供する種の劣化がすさまじいです。もちろん、昔ながらの種を提供してくれている種屋さんもありますが少ないです。種が自然でないと大元が崩れてしまいます。各農家が昔ながらの種を守り、自家採種していくしかないかなと思っています。

豊受自然農で作った作物の種は、日本宇加魂（うかたま）種苗から提供しますので、皆さんで植えて、皆さんも種をとって、皆で種を守っていきましょう。

食と農業のシンポジウムで言いましたけれど、作物の種というものは、人間と作物の長い長い年月をかけての関係によって作られた、かけがえのない宝です。作物が、人間の役に立ちたい、栄養を与えたい、健康にしたい、元気にしたいと、自分の役目を全うしたいと強く願う一方、人間はそんな作物に感謝を捧げ、敬い、大切に育てる。そうやって長い長い年月をかけて人間と関わっていくことで、今の作物となってきたわけです。作物の願い、それは人間の願いの反映なのですが、種はそんな作物と人間の願いが詰まった宝です。自然な種を失うことは、人類にとって取り返しのつかないほどの痛手なのです。

■自然型農業で一番大切なものは信仰心

農業で一番大切なものは何かと言ったら、信仰心なんですね。なぜなら、作物というものは人間の命を育むものだから。だから、米を作る、野菜を作る、作物を作ることは、人間の命を育むことであり、ご神仏さまのお手伝いをするものすごい尊い活動、重要で神聖で崇高な仕事なのです。それは仕事というよりも、ご神仏さまに仕える作業であって、ものすごく神聖なことなのだということです。何といっても人の命を育てているのですから。もちろん、できた作物を料理することが必要かもしれませんが、料理の大元、食事の大元を作っているのですから、農業が一番大事です。

『スピリットフード』（ホメオパシー出版）という本を書きましたが、この中に作物の霊的見解というものがあります。これを読んでいただければ、作物というものがどれほど、私たちの体・心・魂を育て、癒し、その健全な成長とかかわっているかがわかると思います。

私たちは、実は食べることによって体だけではなく、

心と魂を成長させている側面があるのです。食べることで霊的進化している部分があるのです。

人間が崇拝することで崇拝されたものが崇高なものになっていきます。太陽の中に神を見て崇拝することで天照大神（アマテラスオオミカミ）が生まれ、食事の中に神を見て崇拝することで豊受大神（トヨウケノオオカミ）が生まれ、桜の花の中に神を見て崇拝することで木花之佐久夜毘売（コノハナノサクヤヒメ）さまが生まれました。

このように人間の信仰によって様々な神さまが生まれ、人間の信仰によって、どんどん崇高な存在となっていき、そして今度はその神々が人間を導いてくれるわけです。

同じように、作物の中に神を見て崇拝したり、感謝を捧げることで作物が崇高なものになっていった歴史があると思います。そうして崇高な作物を食べることによって、今度は私たちが導かれる。人間と神さまの関係と同じことが、人間と作物の関係にも言えるのです。

私たちのご先祖さまが、長い年月をかけて作物をご神仏さまにしてきた歴史があって、私たちはその恩恵を受けているということです。

しかし今、農家さんから、作物に対する信仰心が失われてしまいました。作物から人間に与えてくれるばかりで、人間から作物への感謝と敬意のエネルギーが送られていません。

これでは、作物の霊的進化は止まってしまい、それはつまり人間の霊的進化も止まってしまうということです。

作物というのは、イコール神であり、仏です。その神であり仏である作物を食べるという行為は、まさに、神人合一です。

そもそも、食べるという行為はものすごく神聖な行為であり、みそぎをしているようなものであり、それを思い出させるための新嘗祭の儀式だったりするのかもしれません。

昔の日本人はみなこのようなことを知っており、農業をやり、料理を作り、食事をしていたと思うのです。だから、その食べ物の大元を作っている農業というのは、途方も無く神聖な仕事なのだということ。とりわけ日本人の主食のお米は、日本人の精神を根底から支えている食べ物なのです。

●豊受玄米の霊性的効果

「自分さえよければいい」「他人なんてどうなっても関係ない」というような悪い個人主義の意識が、協調性とか「一致団結して皆で手に手を取り合って協力して頑張ろう」といった他者との繋がりを受け入れ、人との繋がりの重要性を認識できるようになる。個人主義から全体主義になるという感じ。

お米が人間を全体の幸せを考えることができるような人間にしたいと思っているのですね。それが豊受玄米の意志です。放射線をかけられるとその意志がくじかれてしまいます。

●豊受黒米の霊性的効果

「一人は寂しい」「一人にしないでほしい」というように、「誰かと一緒にいたい」「人と関わっていないと生きていけない」という依存の強い人が黒米を食べると、一人でいる恐れや悲しみが減り、「一人でもやっていける」と思えるようになり、自立心を育てる働きがある。

■豊受自然農がもっとも力を入れている霊性農業

なので、豊受自然農がもっとも力を入れているのが、霊性農業です。作物や種に感謝し、敬意を表し、その作物を育む土壌と土壌菌、そして土地と空間のご神仏さまに感謝と敬意を表し、作物と人間の共存共栄、ともに霊的進化（魂の成長）を願う農業を実践することを第一にしています。

おそらくですが、このような農業を実践しているところは他にないのではないかと思います。でも昔はそれが当たり前の農業だったはずなのです。

農業はとても神聖で崇高な職業なのですが、今の農民にはその自覚がありません。「種取り？ 面倒くさい」。「草とり？ 面倒くさい」。「土作り？ 面倒くさい」。だから、種は買って、農薬まいて、除草剤まいて、化学肥料やっていたら楽だと考えて、慣行農業をやってしまいます。そこには、手間ひまかける、思いを込めるということが入る隙がありません。効率が求められます。なぜか？ 効率＝お金だから。農家が苦労を惜しむようになり、また労働の喜びを失い、いかに効率的にお金を稼ぐかが重要となり、農業が資本主義の一部になってしまったことがとても残念でなりません。

海外からの影響で日本の拝金主義が進み、個人主義がもてはやされ、自分が自然の一部であるという謙虚な心、感謝する心、敬う心が失われてしまった結果、種を自らとり植えるという自然農のサイクルが失われてしまいました。

これは、農家だけの問題ではなく、農家が作った作物を食する私たちからも信仰心が失われてしまったことがあります。作物を食べる私たちの、作物への感謝と敬意が圧倒的に足りないと思います。

これが人間が霊的に劣化している根本原因だと思っています。

食への無関心、信仰心の欠如、それが農家が農薬、除草剤、化学肥料、不自然な種を使うことを許し、食の劣化を招いているのです。結局、純粋な信仰心というものが日本から無くなってきていることが問題なのです。ご神仏さまが身近に感じられなくなっているところに問題があるのでしょう。

先日豊受菜のおひたしを食べました。豊受菜というのは、アブラナ科の種が自然交配してできた葉っぱですが、これが実に美味しいのです。少しの苦みと甘みとで、青菜独特の味が引き立っていて心と体が喜びました。これこそが本当の豊かさだと思います。豊かな作物は心が豊かでないと作れません。心の豊かさは信仰心からやってきます。

■信仰心とは？

信仰心というとすぐに宗教だ！　カルトだ！などと騒ぎ立てる人がいますが、全く違いますからね。信仰心というのは生かされている理を知り、感謝と敬意をもって生きる心のことです。

私たちは生きているのではなく、生かされているんだということ。これをどこまで実感できるかなんです。実感できればできるほど、感謝と敬意が大きくなっていきます。

そうするとどうなるか、幸せが増えるんです。ありがたいと思えること、素晴らしいなと思えること、それが幸せなんですよ。

だから、自分が偉いとなっていたら、感謝も尊敬もできない、幸せになれないんです。

■人間は生かされている

所詮、人間は自分の力で生きているわけではなく、生かされているんです。大自然に生かされており、ご神仏さまに生かされており、親やご先祖さまから命を受け継ぎ生かされている、人々に生かされており、この社会、日本国に生かされている、家や服などいろいろなものによって生かされている。作物に生かされており、土壌菌に生かされており、百姓に生かされており、食事を作ってくれる人、お母さんや料理人によって生かされている。それにどれだけ気づけて感謝と尊敬の心をもてるか、もてたらそれが信仰心で、幸せの元だということです。

私たちは生かされているのだから、当然その対価を支払わなければなりません。その対価というものが感謝の気持ちなのです。人間は感謝を捧げることが役割としてあるのです。その感謝のエネルギーをもとに大自然もご神仏さまもご先祖さまも作物も万物も微生物も生きる力をもらい、ともに霊的成長を果たしていくのです。

役割と言っても人間社会における役割ではなく、地球に存在する一員としての役割です。

■人類から信仰心が失われ、未払いのカルマとなるビル・ゲイツが人口削減を意図的に行っている

人類から信仰心が失われたとき、この生かされていることへの対価が支払われなくなってしまいました。だから、それが未払いのカルマとなって、カルマの取り立て人として、ビル・ゲイツが登場せざるを得なくなったのです。

ビル＝請求書、ゲイツ＝ゲート、窓口、つまり請求書窓口、対価の取り立て人です。だからビル・ゲイツが、ワクチンを押し進め、人工食を押し進め、人口削減を押し進めているわけです。

生かされていることを忘れ、信仰心を忘れ、感謝を忘れてしまった人は、この地球から消えてもらうということ。ビル・ゲイツという人は、私たちが生み出したカルマの取り立て人であると同時に、信仰心を無くしてしまった私たち自身の姿なのだということです。

■心作りと土作り

作物を生み出しているのは土ですよね。土というのは、私たちの命の元である作物を生み出す大元です。

自然農をやろうと思うなら、まずは信仰心を取り戻すこと。信仰心の次に大事なことは、土作りです。

昔の農業というのは一番に土作り。二番に心づくり、これはもう一昔は、誰もが知っている常識でした。その土作りするために大事なことが心を作ること。心ができていないと土作りはできません。

実は、心づくりと土作りというのは、イコールなんです。

■田んぼや畑は神聖な場所、その神聖な場所を穢さないこと

田んぼや畑は神聖な場所です。これはご先祖さまが長い時間をかけて田んぼや畑を崇拝することで神聖な場所にしてきたということです。その神聖な場所を穢さないようにしなければいけないことがわかると思います。

土壌菌や微生物、虫たちを殺すような、農薬、除草剤、化学肥料などで穢してはいけないということがわかると思います。

そして、不浄な心で入ってはいけないということもわかると思います。「あいつ嫌いだ、ぶっ殺してやる」とか、「自分はなんて駄目なやつなんだ、生きる価値もない」とか、このような低い意識で田んぼや畑に入ってはいけないし、作物に接してはいけないのです。

感情をぶつけられたら、植物や土壌に残留思念として付着してしまいます。それを浄化するのは簡単なことではありません。浄化するために虫が大量発生せざるを得なくなったということです。

●アブラムシの大量発生

過去に六本松の畑でアブラムシが大量発生したことがありました。

その原因を調べると、Aさんが一緒に作業しているBさんを嫌っていて、Aさんから発せられるBさんが嫌だなーという想念に作物が汚染されて、それを浄化するためにアブラムシが大量発生していることがわかりました。

●豆芯食い蛾の大量発生

昔洞爺で黒大豆に豆芯食い蛾が大量発生したことがありました。

その原因を調べると、洞爺で働く人ではなく、豊受自然農グループ全体の社員の、「自分の優秀さを評価されなければならない」という意識が、洞爺の畑に来て、その意識を浄化するために豆芯食い蛾が大量発生したということでした。

社員みんなの優秀インチャが原因でした。なので、社員全員に優秀インチャを癒すように指導しました。

この豆芯食い蛾は特別な蛾らしくて、この蛾自体が「自分の優秀さを評価されなければならない」と思っているようなのです。だからこの豆芯食い蛾の幼虫を集めてレメディーを作ったらいいと思いました。優秀インチャにものすごくいいレメディーになるでしょう。

神様がこの蛾でレメディーを作れと教えるために洞爺の黒大豆に大量発生した部分もあるのです。しかし、未だに豆芯食い蛾のレメディーができておりません。すみません。

この例でもわかる通り、心作りというのは、インナーチャイルド癒しが必須になります。インナーチャイルド癒しについてはとようけＴＶでいろいろと動画を公開していますので、みてください。

インナーチャイルド癒しの最新講演会

2024 年秋
お彼岸講演

2024 年夏
納涼講演

■土壌菌は腸内細菌の反映

信仰心を取り戻し、インナーチャイルド癒しをして、心を作ってはじめて土作りができます。結局土壌というのは、農作業するあなたの心の反映なのです。その土壌が腐っていたら、あなたの心が腐っているということです。

そして、あなたの心は腸内細菌と大いに関係しています。腸内細菌はあなたの心に従います。あなたの腸内にどんな腸内細菌が住み着いているか、そしてどういう働きをしているかというのは、あなた次第なのです。そしてそのあなたの腸内細菌が畑の土壌菌となるのです。なぜなら農作業するあなたの心の反映が土壌だからです。

人間の心を変えるというのは簡単なことではありません。だから土作りというのは一生かけて磨いて行くものなのですよ。自分を磨いていくのです。自分の心と魂を磨いていかないと、よりよい土壌にはなっていきません。

でもそんなこと言っていたら、よい作物作るのに何年も何十年もかかってしまう。そんな悠長なことは言ってられないということで、御古菌を作ったわけです。御古菌は今では失われてしまった偉大な土壌菌が生きています。

これでぼかし肥料や堆肥を作って畑に入れるのです。豊受では米ぬか、落ち葉、雑草、加工残渣、竹や木などをもとに御古菌を使って発酵させて堆肥を作り、畑に入れています。また米ぬかでぼかし肥料を作り、田んぼでしたら1反あたり、100キロほど入れてやります。米ぬかは無農薬の米ぬかが理想ですが、手に入らなければ農薬を使った米ぬかでもかまいません。農薬は御古菌がすべて綺麗にしてくれるので大丈夫です。

御古菌を使うときに守ってもらいたいことがあります。「御古菌はご神仏さまである」ということを理解してほしいのです。全てのものには霊性というものがあります。霊性というのは魂の状態のことを言います。そして霊性がどれくらい高いかを数値で表した霊格というものがあります。御古菌は人間よりもはるかに高い霊格をもった存在です。神に近いというか神そのものだと思った方が正しいです。敬意と感謝の気持ちをもって使わせて

御古菌

いただくという気持ちで使い、扱ってほしいのです。
そうしないと、御古菌のやる気が半減してしまい、私の方で責任をとらされるのです。
そして、畑に入れるだけではなく、ご自身でも飲んでいただきたいのです。薄めてジュースに入れて飲んでもよいのでぜひ飲んでみて下さい。御古菌Aは臭いので飲みにくいので、飲む用として御古菌Bを使っていただければと思っています。そのときも感謝と敬意をもって飲んでほしいのです。

御古菌が腸に定着してくれるかどうかはあなたの御古菌に対する感謝と敬意によって決まります。御古菌が定着してくると、心が変わってきます。たとえば優しさ、愛が増え、心が穏やかになっていきます。心が変わると、土壌菌も変わってきます。

御古菌を使って土壌菌を変えて行き、そこでできた作物を食べることで更に心が変わってくるでしょう。だから土作りと心作りこの両者を並行でやっていくのです。その助けとなるのが、インナーチャイルド癒しと御古菌です。

好気性微生物土壌改良剤
御古菌 A：強臭タイプ（左）
御古菌 B：低臭タイプ（右）

豊受御古菌とは？

由井寅子代表が2002年農事組合法人ホメオパシー農業科学を群馬で立ち上げると同時に、北は北海道、南は沖縄まで全国の手つかずの山林を訪れた際に、ほんの少量の土を採取し、さまざまな条件下で培養を繰り返し、その中から有用と思われる好気性細菌を単離し、20年かけて約600種類以上の土壌菌を集め培養したものです。今の畑では失われてしまった昔ながらの古い菌が数多く存在すると考えており、「豊受御古菌（とようけおんこきん）」と名付けました。

落ち葉やぬかなどを発酵させてつくる堆肥づくり、土壌改良、種への噴霧、作物への葉面散布などに使うことで、農薬や化学肥料を使わない自然農でも農作物を栽培することができます。

いきなり無農薬は難しいという人でも、御古菌と併用することで、農薬を分解することができますので、農薬を使用しながら安全な作物を作ることもできます。

また、環境をよくする効果もあるため、たとえば、異常な発酵をして悪臭のする排水、家畜の糞尿の悪臭、洪水による床上浸水後の臭い対策としてもご利用になれます。加湿器やスプレーに入れて撒くことで、空気中の菌の環境もよくしていくこともできます。

また、腸内細菌叢を改善し、便の質と便通がよくなるということで、飲用している人も多いです。

御古菌にはAタイプ（強臭タイプ）とBタイプ（低臭タイプ）があります。

Aタイプの臭いは、酪酸の臭いです。酪酸は、免疫機能にも影響を与える重要な物質です。

以下に、酪酸と免疫の関係を簡潔に述べます。

●免疫細胞の活性化

酪酸は腸内環境を整え、免疫細胞の活性化に寄与します。特に腸管上皮細胞や樹状細胞などの免疫細胞が、酪酸の存在によって適切に機能することが知られています。

●炎症の調節

新型コロナ感染症では、過剰な炎症であるサイトカインストームで重症化する人がたくさんいました。酪酸は炎症反応を調節し、炎症の暴走を制御するのに有用です。

●腸内バランスの維持

酪酸は腸内環境を整え、免疫系のバランスを保つ助けになります。健康な腸内環境は免疫応答の質を向上させ、感染症やアレルギーのリスクを低減します。

ですので飲用する場合もAタイプを飲んだ方が免疫的にはよさそうに思いますが、実際は、Bタイプを飲んでも腸内で酪酸が生成されるので、効果は同じです。

そもそも臭いものを飲むというストレスが大きくては本末転倒です。Aタイプの臭いが気になる人は、無理せずBタイプの飲用をおすすめします。

またAタイプはpHが5以上あり、BタイプはpHが5未満という違いがあります。酸性土壌を好む作物にはBタイプをおすすめしますが、それ以外の作物にはAタイプをおすすめします。ただ500倍程度に薄めるとpHの土壌に与える影響はあまり考えなくてもよいです。また、御古菌自体が土壌のpHを作物にとって適性なpHに変えて行く働きをしてくれます。

◉御古菌の霊性的効果

生まれる前の目的を知っていたときの状態に戻す働きがある。仕組みはよくわからないが、本来の目的を思い出させる。御古菌には、神なる力がある。御古菌さんそのものが神さまじゃないか。御古菌を飲むことで神人合一となる。

■御古菌の使用方法（A・B共通）

〈ぼかし肥料を作る〉

米ぬか10kg当たり、水で約500倍に薄めた御古菌を約1ℓの割合で混ぜ合わせます。米ぬかが軽く湿る程度が目安です。気温20℃で3週間、30℃以上なら1週間程度で完成します。2日に1回はかきまぜるようにしてください。できれば毎日かきまぜてください。米ぬかが発酵して熱が出て色が変わります。ぼかし肥料は適量畑にまいて上から軽く土を被せて使います。

〈完熟堆肥を作る〉

米ぬか10kg当たり、水で約500倍に薄めた御古菌を約1ℓの割合で混ぜ合わせます。米ぬかが軽く湿る程度が目安です。発酵によって熱が出ます。毎日シャベルなどで切り返し（かきまぜ）て、米ぬかに空気を入れます。乾燥したら水をかけて軽く湿らせると、また熱が出てきます。（途中で落ち葉や刈り草のたい肥などと混ぜてもよいです）半年ぐらい続けると、匂いも熱も出なくなり（甘い匂いは残ることがあります）完熟堆肥となり完成です。それを畑に適量まいて使用します。

〈種に噴霧する〉

〈種まき後に1回〉
種を蒔いて土をかぶせたら、御古菌を水で約500倍に薄めてジョウロで水やり。その後は、発芽して本葉が出るまでは、水だけで大丈夫です。

〈元気な植物にする〉
本葉が出たら、2週間～1カ月おきに御古菌を水で約1000倍に薄めて葉面散布することで元気な植物にすることができます。葉面散布する場合、葉の表と裏の両方に散布するのがベスト。なので噴霧器が便利ですが、無い場合はじょうろなどで葉の表面だけへの散布でもOKです。

自然な種で豊受御古菌を使った農薬、化学肥料不使用の農業を実践されたい方で、農産物の販売等を考えておられる方は、取り扱えるかどうかなどは、日本豊受自然農　東京事務所にお問い合わせください。

また御古菌を使い、「豊受式」自然農を実践されている農家については、ホームページで紹介していきたいと考えております。

なお豊受御古菌の培養はとても難しく公開しておりません。霊性的には人間より遙かに高い存在となり、培養には非常に高い霊性が求められることと、食事内容に対するこだわりが強く、この二つが豊受御古菌の培養を困難にしています。

■御古菌の使用例①

2024年5月9日、「エキネシアの苗の葉っぱが紫に変色している。脱色して枯れかけている。苗全体の半分以上がこんな感じになっている」と報告を受けました。

おそらくエキネシアの苗を雑に扱ったことが原因と思ったので、ご神仏さまに協力をお願いし、エキネシアの苗に謝罪し、愛情を注ぎ、祝詞・心経を唱えました。

原因を導師に伺ったところ、リンが足りないことが原因でした。しかし、リンが足りなくなった原因があり、それは、作業に当たった人の一人がエキネシアさんに対する優しさがなく、物扱いしたために、エキネシアさんがもっと優しくしてもらいたいという不満、優しさがないことへの不満によってリンが消費され足りなくなったということでした。

リン酸のレメディー、フォサック（Phos-ac.）ではあまり効果がなく、バイタルソルト（12種類の生命組織塩をコンビネーションにしたホメオパシーのレメディー）を使うとかなり効果がある、とのことでしたので、1週間後にバイタルソルトをまきました。

さらに1週間経過して見に行くと、変色したものや枯れかけているものの9割ほどが緑色に復活していました。残り1割も回復傾向にあり、ほぼ全ての苗に効果がありました。

●豊受の百姓からの報告

今年の3月にエキネシアの種を播種したところ、5月には、苗の一部で紫色に変色してしまう症状が出ました。その中には、葉に穴が空いてそのまま枯れてしまうものもありました。由井先生が苗にお唱えをし、その後、バイタルソルトを散布したところ、2週間程で紫色に変色していたもののほとんどが、緑色に戻り元気になっていました。私は、大変驚きました。紫色に変色し、いずれ葉に穴が空き、そのまま枯れてしまうしかないと思っていたからです。苗があのように変色してしまったのは、私達の一部に、種や苗を雑に扱ってしまった者がいるからという理由でした。

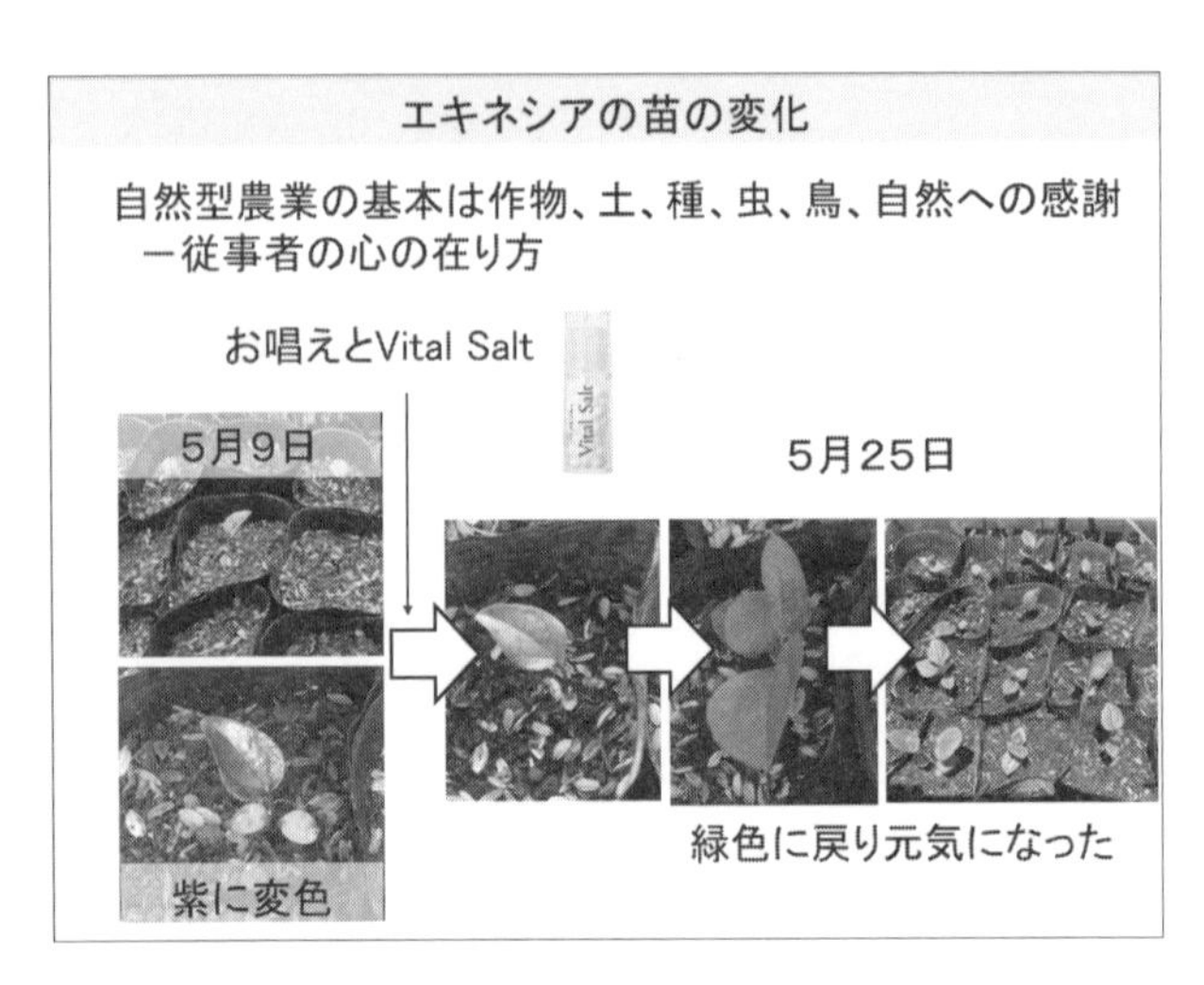

■御古菌の使用例②

●春菊での実験

２０１８年9月15日播種し、２ヶ月後、御古菌を散布したものと散布しないものでは、生育に明らかな差が見られました。（次ページの写真参照）

●ちぢみ菜とニンジンと小麦での実験

２０２０年1月15日に播種し、以下の①～④の条件で栽培しました。

①何も加えてないもの

②堆肥を加えたもの

③御古菌と堆肥を加えたもの

④御古菌とミネラル（野菜と土のためのミネラル活性液）を加えたもの

約2ヶ月後、生育の比較をしたところ、それぞれ、①、②、③、④の順番で生育がよくなっていました。（80～81ページの写真参照）

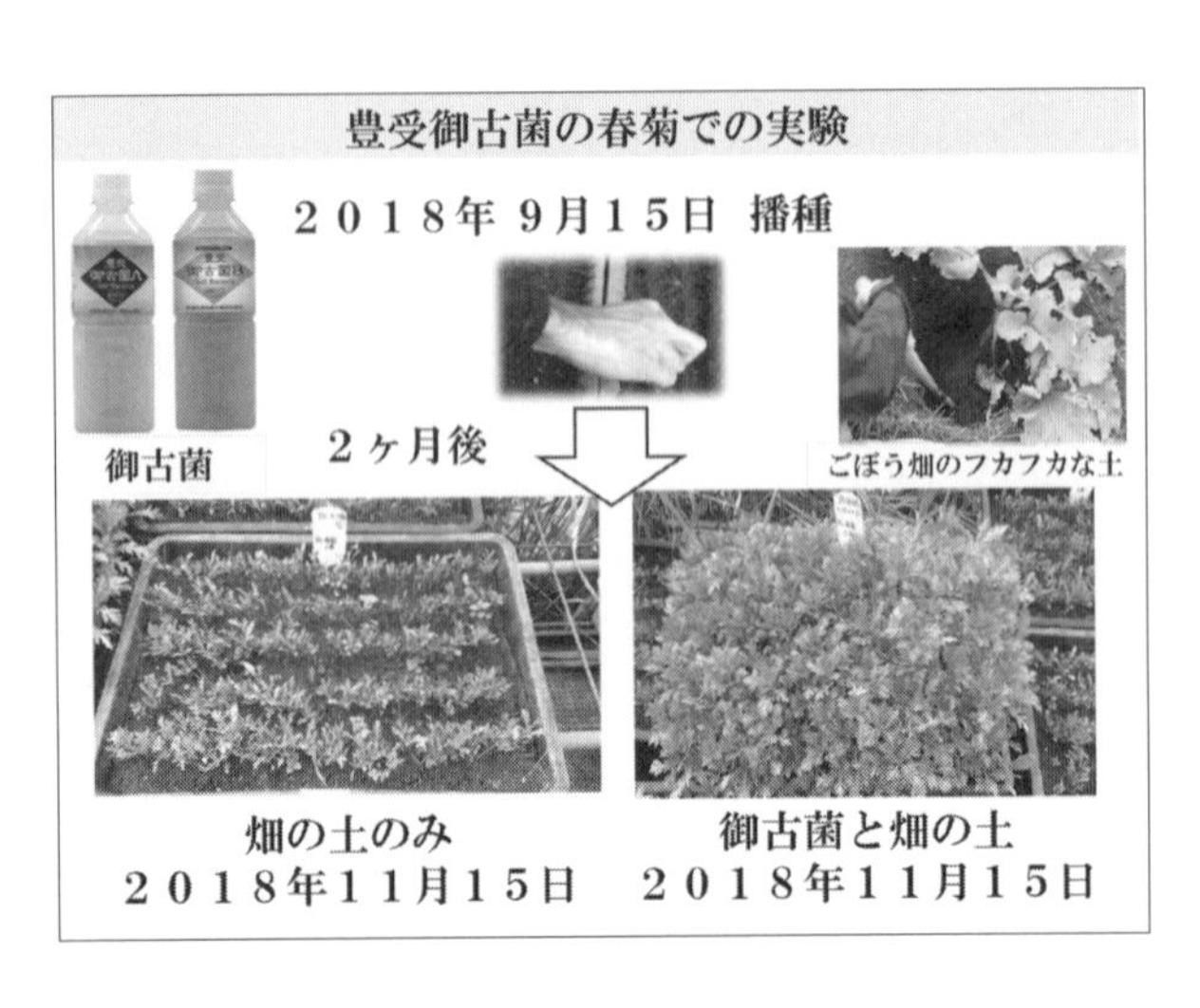
豊受御古菌の春菊での実験
２０１８年 9月１５日 播種
御古菌
２ヶ月後
ごぼう畑のフカフカな土
畑の土のみ
２０１８年１１月１５日
御古菌と畑の土
２０１８年１１月１５日

豊受御古菌のアブラナ科　ちぢみ菜での実験
アブラナ科
自家採取　ちぢみ菜
御古菌
①畑の土のみ
③御古菌＋堆肥
②土＋堆肥
④御古菌＋ミネラル
2020年　1月１５日播種　3月２０日　撮影

豊受御古菌のセリ科　人参での実験

せり科
自家採取　人参

御古菌

①畑の土のみ　③御古菌＋堆肥

②土＋堆肥　④御古菌＋ミネラル

2020年　1月１５日播種　3月２０日　撮影

豊受御古菌のイネ科　小麦農林６１号での実験

イネ科
自家採取　小麦農林61号

御古菌

①畑の土のみ　③御古菌＋堆肥

②土＋堆肥　④御古菌＋ミネラル

2020年　1月１５日播種　3月２０日　撮影

●ネオニコチノイド

北海道大学などの研究チームは、市販の日本産の緑茶の茶葉とボトル茶飲料の全てからネオニコチノイド系農薬を検出したことを研究論文で公開しました。

Yoshinori Ikenaka, et al.“Contamination by neonicotinoid insecticides and their metabolites in Sri Lankan black tea leaves and Japanese green tea leaves”.「Toxicology Reports」Vol. 5, 2018, pp. 744-749.

ネオニコチノイドは昆虫の神経伝達を阻害し、強い神経毒性を持っています。しかし、人の健康にも影響を及ぼす可能性があり、記憶や学習、神経の発達に悪影響を及ぼすことが報告されています。

●ネオニコチノイドの霊性的問題

ネオニコチノイドをとると他者に対して優しくしてあげたいとか、他者に対してよくしてあげたい、他者のためになりたいというような利他の気持ちがだんだん削られていく。逆に、他者が駄目になればいい、不幸になればいいという感じで、他者に対して駄目にしてやりたいというような、やさぐれた攻撃的な気持ちに変わって行ってしまう。

■御古菌の使用例③

２０２３年の岡山白桃の残留農薬検査ですが、
去年、５月中旬に御古菌を土中に５００培希釈の物を注入。

７月９日に最終の農薬散布。天候の影響により熟度が進んだため13日に御古菌を散布。

（桃に袋掛けした上から散布。ただし袋の底が空いているタイプの為底の空いてる部分から直接かかるように散布。）

さらに天候の影響により熟度が進んだため18日に収穫し、つくば分析センターへ送付。

19日つくば分析センターでの検査受付。

21日残留農薬検出の報告書を受けとる。


検出された農薬は、ここ数年ＪＡがすすめたネオニコチノイド系の殺虫剤で皮から果肉へ浸透するものです。

御古菌を散布したのに検出された原因としては、こちらでお願いしているのは、
①農薬散布後、10日間、間をあけてから御古菌を散布すること。
②御古菌散布後、1週間以上間をあけてから収穫し分析すること。
でしたが、
①今回は農薬散布後、4日後に御古菌を散布していること。
②御古菌散布後、5日間で収穫し検査に出していることが原因と考えられます。
そこで、御古菌をもう一度散布するようにお願いしました。同じ木の北向きの収穫が遅くなる桃に、7月25日に再度御古菌を散布してもらいました。

そして、御古菌散布後、8日間経ってから収穫してもらい分析に出しました。

そうしましたら、8月8日に残留農薬0という報告書を受け取りました。

もう一度整理して言います。

5月中旬………御古菌を土中注入（500培希釈）
7月9日………最終の農薬散布
　4日後

7月13日……御古菌散布（1回目）

5日後

7月18日……収穫し、つくば分析センターへ送付

7月19日……検査受付

7月21日……検査報告　ネオニコチノイド系農薬検出

7月25日……御古菌散布（2回目）

8日後

8月2日……収穫し、つくば分析センターへ送付

8月3日……検査受付

8月8日……検査報告　残留農薬0

このように御古菌の土中への注入と、葉面散布、そして、農薬散布後の果樹への直接御古菌を散布し、1週間以上間をあけると、浸透性のネオニコチノイド系の農薬も分解されます。

なぜ桃の皮から内部に浸透するネオニコチノイド系農薬が、御古菌散布によって検出されなくなるのか不思議に思う人もいるでしょう。

それについて導師さまに聞いてみました。そうすると以下の回答をいただきました。

◉ネオニコチノイドvs御古菌

農薬にも意志がある。ネオニコチノイドにも意志がある。植物を守ろうという意志がある。たとえてみれば、ネオニコチノイドは、暴力団のようなもので、悪い奴だけど、彼らなりに植物を守るんだという意識がある。

一方、御古菌は地球防衛軍のような存在。ネオニコチノイドを御古菌が説得しようとするけど、説得してもネオニコチノイドは言うこと聞かない。

なので力勝負になるけど、そうなるとネオニコチノイドは御古菌にかなわないので、負けて追い出される。

果実にも意識があって、ネオニコチノイドになびいてしまうものもある。果実にもよい果実もあれば、不良の果実もあるということ。不良の果実は、御古菌よりも、ネオニコチノイドを選んでしまう。

そういう何か、農薬、御古菌、果実という三つの中でせめぎあいがある。

そういう意味では、雄性不稔のF1の作物とか、遺伝子組み換え作物と農薬というのは、霊性が低いもの同士、相性がいいのかもしれない。

ただそういう霊性の低い食べ物ばかり食べていると、食べている人や家畜の霊性も下がってしまう。それは魂の成長、進化に逆行している。つまり退化することになるということは覚えて置いてほしい。


ということでした。桃の内部にネオニコチノイド系の農薬が浸透しても御古菌のエネルギーによって、桃自体の異物を排除・分解する力を高めるのかもしれません。

●グリホサート（除草剤）vs御古菌

グリホサートも御古菌できれいになる。グリホサートは、頑なとか、完璧主義とか、絶対に譲らないぞという意識をもっている。

御古菌の説得には、長い時間をかけて説得すると少しずつ言うこと聞くみたい。

何度も御古菌をまいていけば、グリホサートがしたがっていく。

■自然型農業の基本

●自然型農業の基本①　安心安全でかつ栄養のあるものを作る

最も大事なことです。人の口に入るものは、体と心を作ります。故に安心安全なもので栄養のあるものが食糧でなければなりません。

そしてできれば、霊性の高い作物であることが望まれます。神聖な作物を食べることで豊かな体と心が作られます。

●自然型農業の基本②　自家採種の種を使う（良い種を選抜して使う）

神聖な作物を作るには、なるべく人の欲が入り込んでいない自然な原種に近い種が望ましく、そのような種を農家が代々、自家採種することが大事です。

日本で長い間選抜し植えられて来た在来種・固定種は、この日本の風土に適合した優れた品種です。日本の在来種・固定種を残すことは、日本人の安心安全で栄養がある食と直結します。皆さんが元気で健康に生きるために必須な種なのです。

今、一部の企業が在来種・固定種の種をゲノム編集や遺伝子組み換え、ガンマ線や重イオンビームの照射によって、遺伝子を破壊したり加えたりしてパテント（特許権）をとっています。そういう不自然な種と交雑してしまうと、元々の自然な在来種・固定種の種がなくなってしまいます。

そもそも、もし農研機構や種苗メーカーがそういう不自然な種を扱い始め、元々の自然な種を販売しなくなるとあっという間に自然な種は消滅してしまうでしょう。自家採種している農家が少ないからです。その種が無くなってしまってからでは遅いのです。そうなってしまったらもうその種を取り戻すことはできないのです。

●自然型農業の基本③　土の微生物を増す（御古菌を使った堆肥作り）

堆肥はクヌギの落ち葉、竹の粉末、食物残渣、米ぬかなどを御古菌で発酵させて使います。夏頃は6か月で堆肥になります。

伊豆の国市、金谷の荒れ地を御古菌を使って田んぼに再生することができました。水が入らず田んぼに戻せない土地は、エキネシアハーブ畑にし、伊豆の国市の市長さんを呼んで金谷再生式を執り行いました。

堆肥にするには何年もかかると言っている人がいるようですが、御古菌を使うと短期間に安全な堆肥にすることができます。

豊受の堆肥「豊肥芽(とよひめ)」の硝酸態窒素濃度をつくば市にある川田研究所で測定してもらったところ、704mg/Kgと全く問題のないレベルでした。

●自然型農業の基本④　虫や動物との共生

御古菌によって土が肥えることで益虫が増え、生物多様性で多くの生物が戻って来ます。実際、天然記念物のモリアオガエルをはじめ、カブトエビや豊年エビが戻ってきてくれました。モリアオガエルがいることで、害虫やウンカの幼虫を食べてくれ、その害をまぬがれます。また豊年エビやカブトエビがいることで、その田んぼの生物を目がけて、サギやカモや鳥たちが来て、フンをしてくれリン酸を提供してくれます。

●自然型農業の基本⑤　雑草と共に作物育て（草取り50％）

雑草は､環境を保つ役割があります。また環境を整えて平和にする役割をもっています。畑や田んぼの雑草は、作物が雑草と一緒に育つことで作物が環境に強くなり、雑草の根によって土に常に湿気をもたらしてくれます。そして雑草は発酵させ堆肥となります。

しかし雑草がはびこり過ぎると作物に対して競争を引き起こし、作物の成長を妨げるようになります。養分、水分、光を奪い合いが始まります。過度な競争になると養分、水分、光不足となり、成長が阻害され、その上作物たちのストレスとなり、免疫が低下し病気や害虫にやられやすくなります。

なので豊受では雑草は、半分とって半分は残すぐらいの気持ちでよしとしています。

草を鎌で刈って根っこは残すことが多いですが、根だけでも土の養分を吸ってしまう雑草もあるので、そういう雑草は根っこから抜きます。

一部の雑草では土壌を安定化させたり、土壌中の栄養を循環させたりして作物の生育を改善させるものがあります。

また一部の雑草は害虫や病気を防ぐ効果があります。

●クローバーやレンゲ
マメ科の植物であり、根に共生する窒素固定菌（リゾビウム）を持っています。これにより、土壌中の窒素を固定し、他の作物に必要な栄養を提供します。この効果は特に、窒素肥料の使用量を減らすために役立ちます。根が土壌を深く掘り起こすことで、土壌の構造を改善し、通気性や水はけを良くする効果があります。これにより、他の作物の根がより健やかに成長する環境が整います。

クローバやレンゲが地表を覆うことで、雑草の生育を抑える効果があります。これにより、農薬の使用を減らし、手間を省くことができます。クローバーやレンゲを植えることで、多様な昆虫や微生物が生息する環境を提供し、農作物の病害虫の発生を抑える効果があります。

●レモングラス

レモングラスを農作物と一緒に植えることで、レモングラスに含まれるシトロネラオイルや他の芳香成分が、特定の虫に対して忌避効果を持つため、自然な虫除けとして機能します。実際、農業においてレモングラスをコンパニオンプランツ（互いに助け合う植物）として使用することがあります。例えば、トマトやピーマンなどの野菜と一緒に植えることで、アブラムシやその他の害虫を遠ざける効果があります。

●ホトケノザ

土壌をカバーするため土壌の保湿が高まります。土壌侵食を防ぎ、栄養保持してくれます。

●アキノキリンソウ

土壌中の有害化学物質を吸収する能力があると言われています。特に重金属や有機汚染物質を吸収し、土壌の浄化に寄与することが研究で示されています。この植物は、環境浄化のための「ハイドロモン」（水を吸収する植物）としても注目されています。

●ハンノキ

何も生えない土を肥やすために一番始めに成長し、枯れ、栄養を土に戻し、自分は死んでいきますが、多くの他の植物のために犠牲となる木です。

●ヒエ

イヌヒエが生えると土地は楽しいと思います。なぜ楽しいと思うのかというと、イヌヒエを生やして育てるとよいカルマを積めて、土地の霊性が上がるからです。米を作れば人が喜ぶのでよいカルマを積めるのではないか？と思うかもしれませんが、昔の人であれば収穫祭、抜穂祭をやってお米や田んぼに感謝を捧げていましたが、今は米が実っても人間の感謝がないから土壌がよいカルマを積むことに繋がらなくなってしまっています。

■草とりの極意

草を悪者扱いしてやると思い切り疲れます。草と土地が有効関係、共生関係にある場合、その草をこの野郎、生えやがってと悪意をもって抜くと、その行為が自然を壊すという人のエゴで草の命を奪うということになります。「ごめんね、申し訳ないね、抜かしてもらうね」と申し訳ないという気持ちをもつことが大事です。そうでないと草とりすることでものすごく疲れます。草取りは本当に意識が正しくないともろに影響を受けます。

雑草に対しても命を摘むことをしているわけですから、申し訳ないという意識をもつことが大事であり、そういうことを何も思わずにやると、たとえこの野郎という悪意がなくても、やっぱりものすごく疲れるわけです。無心でやることはよいですが、申し訳ないという意識をもった上で無心でやることが大事だということです。

●自然型農業の基本⑥　虫と共に作物育て

同じ作物でも虫に食われるものと食われないものがある。この違いはなんでしょうか？　導師さまに聞いてみました。

◉虫に食われるもの、食われないものの霊性的見解

植物にも意志があって、自分は頑張るんだという者もいれば、あまり頑張りたくないという者もいる。あまり頑張りたくないという者は、生きる目的が薄く、生命力も薄い。生命力が薄いと虫が付きやすくなる。

ただ農作物の場合は、人の意識もかかわってくるので植物自身が頑張りたいと思えない育てられ方をされたら、やはり生命力が薄くなってしまう。だから作物が虫に食べられた場合、作る人の意識と植物の意識の2つを考える必要がある。

とのことでした。たとえば、作物を世話する人がめんどくせーなとか、いやいややっているとと作物は敏感にキャッチします。作物というのは、人間のためによい働きをしたいと願っています。それが生きる目的でもあります。それなのに、世話する人の意識が低く、

利己的で、作物を金を得るための道具としか見れないような人間のために頑張りたいと思うでしょうか？思いませんよね。だから生きる目的も薄くなってしまい、弱くなってしまい、虫に食べられたり、病気になったり、枯れてしまうのです。

■虫の役割

畑や作物との関連で、虫の役割を考えたときに、以下のようなことが考えられます。

①作物や土壌に付着した人間の残留思念を浄化する。
②作物の誤った意識を正常化させる
③土壌を浄化する
④人間のインナーチャイルドを浄化する。
⑤自然淘汰と植物活性
⑥タンパク質など栄養の提供

１つ１つ見て行きましょう

●虫の役割① 作物や土壌に付着した人間の残留思念を浄化する。

六本松の畑にアブラムシが大量発生したことがありました。原因を探っていくと、一部の働く人の意識の低さが原因でした。いやいややっているとか、どこかであいつと一緒に働きたくないとか、そういう低い意識によってアブラムシが大量発生していたのです。

人間のネガティブな意識の影響を作物が受けて、霊性的に正しくない状態になってしまったので、アブラムシがついて浄化してくれたということです。

人間の悪想念というのは、残留思念となって想念をぶつけられた作物や土壌に留まります。

このような作物を作る人の残留思念によって作物や土壌が影響を受け、それを浄化するために虫が湧くということはよくあることです。

虫が悪いわけではなく、農作業する者の意識が低いことが原因です。

■ヨトウムシの例

●２０１９年６月ヨトウムシが大量発生したことがありました。原因は、悲しみ（７割）と怒り（３割）の残留思念。発生源は個人というよりも全体。ヨトウムシが悪いわけではなく、そこに悲しみがあるよと教えてくれているのです。悲しみと怒りの残留思念を浄化して、ヨトウムシには感謝して出て行ってもらいました。

●２０２０年６月ヨトウムシによってネギが全滅しました。ヨトウムシはネギが好きですが、それにしても他の畑に出てもおかしくないのに、ネギ畑だけに出現。原因を調べるとヨトウムシが出やすい条件があることがわかりました。

①温暖で雨が少ない気候。
②畑の適正霊格とリアル霊格のギャップがあるとヨトウムシ出る。
リアル霊格が低くても適性霊格との間にギャップがなければヨトウムシはわかない。
③評価されない不満があるとき。
ネギの担当が評価されない不満が強かったみたい。

ちなみにヨトウムシは、ヨトウムシのレメディー（ヨトウムシ30C）が嫌いみたいで、ヨトウムシ駆除に効果があるようです。

ちなみに、ヨトウムシのレメディーを人間がとると肉体疲労によいです。評価されない不満足からくる「やってられない」、といった精神的なものからくる肉体の疲れを癒す効果があります。

●虫の役割②　植物の誤った意識を正常化させる

例として蛾の霊性的見解を紹介します。

◉蛾の霊性的見解

蛾には、木とか植物の誤った考え方をしているところに寄って行ってそれをあぶりださせる力がある。あぶり出させるところが、誤った意識をもっているところがじゅくじゅくしてくる。そのじゅくじゅくした樹液とか草の汁を吸ってあげる。植物のダークな部分を取り去ってあげる。木とか植物の誤った意識というのは、どういう意識かというと、成長したくないとか無理したくない、さぼりたいという意識が植物の中にもある。蚊とか虻は人間のインナーチャイルドの集まっている所を刺して、インナーチャイルドの昇華を助けてくれているが、蛾も同じように、植物のさぼりたい意識があるところがわかって、その場所に鱗粉(りんぷん)をかけてじゅくじゅくさせて膿を出させて吸う。植物の浄化に貢献している。

よく植物が肥料過多（窒素過多）で植物から窒素が放出されて、その窒素に虫が引き寄せられて野菜の葉っぱが食べられるといいますが、本当でしょうか？　導師さまに聞いてみました。

◉肥料過多の霊性的見解

ある特定の肥料を与えたときに、植物がたくさんのご馳走をもらって調子こいてしまうところがある。

いえーい、パーティーでハイになるようないい気分になる。ドーピングのようなもの。心の成長が伴っていない。閑静な住宅街で、外でバーベキューをやって大騒ぎしているような感じ。金持ちのボンボンが大金をもらって調子こいているような感じになる。そうなると虫に食われる。なぜなら正しくない意識になっているから。虫というのは言ってみたら自警団のようなもので、俺すごいぞ、こんなに栄養を持っていて大きくなったぞって傲慢になって、騒いでいる奴等をボコボコにする。つまり葉っぱを食べる。そうすることによって植物を正常に戻す。和を保つ。元の閑静な住宅街に戻すのが虫の役割。虫には正しくない意識をもった植物を正しい意識に戻す役目がある。

●虫の役割③　土壌を浄化する

例としてアリの霊性的見解を紹介します。

◉アリの霊性的見解

アリには5種類ある。日本には2種類のアリがいる。女王アリの意識、女王アリはひたすら卵を産んで子どもを作るが、その土地によい影響を与えたいという意識で子どもを作っている。その結果、土地が豊かになる。土地を豊かにする働きがある。虫にもよい影響を与えようと思っているみたい。（アリ塚で寝ると元気になる）

グルジェフ（アルメニアの神秘思想家）は人の悪想念の集合体であるツバルノハルノという矢に射貫かれて交通事故で死亡しましたが、アリ塚に弟子が連れて行って生き返った話があります。

●虫の役割④　人間のインナーチャイルドを浄化する。

例として蚊の霊性的見解を紹介します。

◉蚊の霊性的見解

蚊というのも人間の役に立っている。蚊に刺されたときに出る痒みというのは、その人の中の感情を癒す働きがある。どういう感情かというと、

悲しみ…86％　空虚…9～12％　拒絶…1～5％

この感情を痒みが出ることで減らしてくれている。

この悲しみだが、どういう状況で生じる悲しみなのかというと、相手にしてもらえなかったときとか、受け入れてもらえなかったときとか、愛のない状態で生じる悲しみ。

蚊の刺す場所というのも相手にしてもらえなかったときの悲しみや受け入れてもらえなかったときの悲しみのインチャが溜まっている場所を刺す場合が多い。

蚊だけでなくブヨも同じ感じ。アトピーと似たところがある。愛されない。

蟲のスプレーがアトピーにもいいのは、愛されないという部分が癒されるからかもしれません。私は3世前に戦争で3人の子供を一瞬にして失い、その悲しみがあるからかよく蚊に刺されます。また今世でいらん子として生まれ、愛されない悲しみが強いことも蚊に刺されやすい要因となっていたのですね。

蚊に刺される都度、悲しみが癒えているのはありがたいです。

●虫の役割⑤　自然淘汰と植物活性

このように意味なく虫は大量発生しないし、生きる意志が薄い作物が虫に食われることで、弱い作物を自然淘汰してくれて、生きる意志の強い作物の種が次世代に受け継がれることになります。

また弱い作物といえども虫に食べられるときは、危険信号を発信しますから、他の全体がその危険信号をキャッチし、生きる意志を強くし、生命力・免疫力を高めてくれて、ファイトケミカルを出し、栄養豊富で味の濃い作物になります。

●虫の役割⑥　タンパク質など栄養の提供

秋には畑一面にとんぼが飛び一週間ぐらい交尾し子孫を残して死んで行きます。畑で死んでくれる事によって虫のタンパク質や窒素、鉄分、カルシウムなどの栄養を提供してくれます。

田んぼでは鳥が米の落ち穂をついばんでいます。代わりに鳥はそこにフンをして田んぼの土に栄養がまかれています。鳥もお腹一杯になればそれ以上食べませんから鳥や虫に10％、人間に90％ぐらいの割合で収穫させて頂いています。

昨年には私たち豊受の田んぼに多くのカブトエビ、ホウネンエビが戻って来てくれたことで田んぼの草取りがとても楽になりました。

彼らの習性が土の中に潜りかき混ぜてくれる事にあり、小さな草は根が取れ、水田の上に上がってきます。またそのエビを目がけてまた鳥が来てフンをするという自然の営みを生かしたエコ農業になっているのです。

自然の中に存在するものは、何もいらないものはないのだと私は思います。

●虫の役割　まとめ

虫は基本的に植物の意識浄化のために存在するありがたいものなのです。これは植物、作物に感染する病原体も同じです。

病原体というものは、生物のもつ不自然な意識（未解決な感情）から生み出されたもので、同じ不自然な意識（未解決な感情）をもつ生物に感染します。

免疫が働かないのは、共鳴するものをもっているから非自己とできないためです。

病原体が感染し、その生物で増殖することで、生物がその病原体を正しく異物（非自己）

と認識できるようになり、免疫を獲得しますが、それはつまり不自然な意識が昇華されたということです。虫も病原体もありがたいのです。

慣行農業では虫や病原体は悪者で農薬で殺さなければならないもの、排除しなければならないものと考えます。

しかし実際は違うのです。虫や病原体にやられる原因が作物や植物にあるのです。あるいは、作物であれば、作物を世話する人間に原因があるのです。そして虫や病原体は、作物の意識を変えるため、あるいは残留思念を浄化する役目をもっており、もし作物の意識が変わらなければ全滅してもしかたがない、それが自然のルールというところでしょう。

ですから大事なことは農薬を使って虫や病原体を殺すことではなく、作物の意識を変えることです。

作物の悪しき意識の原因が世話する人間にあるのであれば、世話する人の意識を変えることです。

世話する人の意識を変えるには、信仰心をもつこと、霊性農業を学ぶこと、インチャを癒すことに尽きます。作物の意識を変えるのに、ホメオパシーのレメディーも有効です。

●自然型農業の基本⑦　作物、土、種、虫、鳥、自然への感謝
自然への感謝と育ってくれること、実ってくれることに感謝

豊受は自然への感謝をこめて田植えと収穫の時期に御田植祭（おんたうえさい）と抜穂祭（ぬいぼさい）を行います。

神様に田植えをさせていただく許可をいただくために御田植祭を行い、豊受の田植えが始まります。抜穂祭は、無事に育って初穂を神様に奉納し感謝を示すために行います。

古来から日本の米は日本人の命を繋いできた大切なものなので収穫の際にはお祭りを行って来ました。豊受はそれを受け継いで行っています。

■加工の基本

私たちは、畑と田んぼでできる作物から200品以上の加工品を作っています。

加工の基本

1.安全安心な加工（人工添加物を入れない）

2.作物の全てを使う（皮も根も使いその作物らしさを引き出す）

3.旬な作物を旬なうちに加工（加工場が畑に隣接する）

4.作物を食だけでなく生活用品、化粧品、衣服にも使う

5.作物や機械への感謝（従事者の心の在り方）

畑のすぐ近くに加工場があります。洗ったり煮たりする水は塩素のない井戸水を使い、味噌、醤油、塩、だしなどの調味料も自分たちで作り、人工物の全く入らないレトルトなどを作っています。例えば、歯茎や歯に良いウイキョウ入り歯磨き粉、ニンジンや紅花を使った口紅、頬紅、紫イモを使ったアイシャドーなど、野菜やハーブを使った化粧品、生活用品も展開しています。もちろん、従事者は日々作物や機械に感謝して働いています。

■Q&A

●質問① 田んぼの稲作の除草対策はどの様にされていますか?

回答①

A・3条用の除草機、キュウホーで、縦面はやる(作物を植えつけた列を条と呼び、条と条の間隔を条間と呼ぶ。条間とは苗を植えた列と列の間のこと)。

縦面(条間)は、みのる産業乗用除草機の4条用とオータケ3連除草機(3条用)で行う。乗用除草機とは除草装置を乗用型の車両に取付けて作業する機械のこと。この常用除草機の4条用で行うため、除草時間は乗用除草機が1反30分くらいでできる。3連除草機は除草時間は1反1時間以上かかる。7~10日おきに除草する。

B・横面は、水が多い時はアイガモロボットを使う。

C・田んぼの水が少なくなると、キュウホーもアイガモロボットも使えないので、

D・手で抜く。草を生やさせないためには、刈り取った後に十分な耕運と水が入ってからの代掻きが必要。田んぼに水をはったまま(深水が理想)にしておければ良いが、伊豆

の国市は、残念な事に、イチゴ農家を思い図って、水を入れるのも、田植えが始まるのも6月上旬になり、そこから急いでの代掻きとなるため、何度もはできない。その上、中干しの習慣があり、一度、水を途中で抜かれるので、そこで、水のなくなった田んぼに草が生え放題に生える。多くの農家は除草剤で対処するが、豊受ではそうはいかないので大変であるが、新参者であるから受け入れるしか道はない。6名のスタッフが夏中、除草に当たっている。

E.草の種類は、コナギ、ホタルイ、蓼（たで）、稗（ひえ）が主なもの（細ネギのような形の雑草がホタルイ。ホタルイはヒエや稲よりも草丈は低い。養分を多く吸って稲の生育を阻害する）。

ヒエ
ホタルイ
コナギ
タデ

●質問②

現代の農業はF1の種子と農薬、化学肥料とがセットになった慣行栽培が主流になっています。そして、そうした農薬まみれで味や色、形が均一でさらに栄養価の低い野菜達によって現代人のほぼすべての食糧がまかなわれています。一般家庭で購入する農産物だけでなく、外食店や給食などで使われている野菜もほぼ全て慣行栽培の野菜だと思われます。

こうしたすでに出来上がってしまった状況やシステムを変革して、これから固定種、在来種の無農薬野菜を主流にしていくためには、農業だけではなくて、現代の大量生産、大量消費の経済や流通の仕組みなどに対しても変革が必要だと思うのですが、由井先生はどうすればこういった不自然な農作物が主流となってしまった状況を変える事ができるとお考えでしょうか？

回答②

食と農業のシンポジウムでもお伝えしましたが、人や農家の意識が変わったとしてもお金の価値が今のままである限り、今の仕組みを変えることは難しいのではないでしょうか。要するにお金がないと生きて行けない世の中である限り、お金を得るために皆さん必死で、他のことまで構っている余裕がないということです。

消費者の意識が変わっても、実際にお金がなければ、安いものを買うしかないからですね。なので効率よい農業（雄性不稔のF1の種、農薬、化学肥料を使った農業）でできた作物を皆さん選んでしまうでしょう。お金に依存しない世の中にすることは無理なので、農業を含めこの不自然な状況を変えることは無理ではないかと思っています。こうしたらいいとわかっていても変えられない状況だということです。プラスチックはよくないと思っていてもプラスチックを使わない生活は無理なのと同じです。

だから強制的に変わらざるを得ない状況に追い込まれるのではないかと思っています。経済が崩壊したり、疫病が蔓延したり、地震や津波などで住居が崩壊したりなど、生きる希望がなくなるような状況に追い込まれる可能性が高いのではないかと思っています。

ですが、そのような天変地異、経済崩壊、戦争、疫病などなしでは、もはや人間が自然に戻るということは不可能のように思います。だから今からお金に頼らないコミュニティ作りが大事になるかなと思うのです。

ですので根本的な解決方法というのは、お金がなくても生きて行けるしくみを作ることだと思います。食と農業のシンポジウムでも言ったのですが、皆さん現実的でないと思ったんでしょうね。賛同してくれる人はほとんどいませんでした。まあ、それほどまでに今の貨幣制度に依存しまくっているということでしょうけど。でもお金がなくても生きて行けるしくみを作るというのは、そんなに難しくないように思うんですね。

それには、労働に対してお金ではなく、衣食住を提供するコミュニティを作ることです。そこでは労働というよりも、全体のために自分が何ができるかを考えて奉仕するという感覚になるはずです。なぜならお金がもらえないのですから。お金を得るために働くのでないとしたら一体何のために働きますか？

コミュニティを維持するためには食糧が必要不可欠ですから、農業がベースになります。そういうお金に依存しない自給自足のコミュニティが日本全国のあちこちに生まれることが必要と思います。そうしてコミュニティ同士で連携をとり、各人の奉仕活動の範囲を広げていくことで、相互に豊かになっていくと思うのです。

お金のために農業やる形でない場合、何のために農業をやるかといったら、人々の健康、幸せのために農業をやる、農業に限らず、人々の幸せを願って奉仕するのですから、効率重視ではこぼれ落ちた大切なことがすくい上げられ、自ずとよいものになっていくはずです。

だから、今は仲間を増やすことだと思います。とりわけ衣食住の技術をもつ人を仲間にすることだと思います。あとはエネルギーの確保ですね。水と二酸化炭素から石油が作れるドリーム燃料製造装置というのがありますね。多くの人が嘘だと言っていますが、私としてはもう5年もすれば一般的になる技術だと思っています。これがあればエネルギーの確保はできます。ですが、パソコンやスマホがどうしても必要ということであれば、小さなコミュニティではさすがに作れないでしょうから、そういうときのために、独自の仮想通貨を用意します。どうしてもお金がないと購入できないものは、仮想通貨（トラコイン）を使って外部から購入します。

●質問③
戦後激変した日本人の食生活について、どう考えられていますか？

回答③
戦後日本人の食を劣化させるために、キッチンカー運動が始まり、食べて消化できない、うじしか食わない小麦が、飢えた日本人支援の名の元、米国から与えられ、日本人の腸に悪い脱脂粉乳を飲まされていきました。そうして日本人の腸は破壊されました。その上、現代医療によっても免疫の元である腸が破壊されました。

お前らには良い食べ物、良い医療、良い環境など与えないぞ、という意志が見え見えです。食べ物は日本人の精神を作り、心を作ってきました。食べ物は文化です。食べ物を変えるということは、文化の破壊、精神の破壊、心の破壊を招くと思います。

それでも主食のお米は変わりませんでした。お米が日本人の精神を支えてくれていたのです。でもそこに気付いたからこそ、日本を乗っ取りたい人たちが、今徹底的に米を不自然なものにしようと躍起になっているのです。その最たるものが「あきたこまちR」です。

昔の日本人の精神と心、文化を取り戻すためには、食べ物を元に戻す必要がありますが、種が不自然なものでは話になりません。昔ながらの種を手に入れて、昔の日本人がやっていたような信仰心をもった農業をやることで、作物がそれに応えてくれ、昔の日本人の精神、心を取り戻すことができると思っています。

だから何にしても農業なのです。それも信仰心とともにある自然農に戻す必要があるのです。

●質問④

政府の種子法廃止（日本の種を公的機関が守る予算措置の撤廃）、種苗法改悪（種の登録制度と自家採種禁止）、新農業基本法の制定（農家への増産命令措置の導入）等、日本の食糧安全保障を弱体化させる売国的行為を自ら政府が行っているが、これを止める具体的手立てはないのか？

回答④

止める方法はないのではないかと思います。日本を潰すという意志をもって活動しているので……。だから政府に頼らない生き方をするしかないと思います。さきほど言ったような自然農をベースとしたコミュニティで町を作っていくこと。環境を汚さず、自然の一部として自分たちがいることをわきまえた人々との共同生活が望ましく、イルミの家来となったこの国に頼らずに済むし、自分たちができるベストを考え、行動すること。自分ならばどう生活したいか？を考え、そして皆が一つの家族として八紘一宇の精神でそのコミュニティで自分は何ができるか、それを提供し、その対価として穀類やイモや野菜をもらい、日々の食べ物は困らず住居もそのエネルギーで作り、皆でそこに住む。自分の部屋はあっても、リビングや風呂、台所は共有となる。できれば植物油のランプやローソク生活で、暖炉の薪でごはんを作る。布は自分達が織っていき、服を作り、綿を育て、布団なども作る。お金のいらない生活に慣れること。土地と種と、育てる力さえあれば、そして住む家があればどこでも生きていける。そんなコミュニティを作ることだと思います。

●質問⑤
日常生活において曝露してしまう電磁波による影響を低減するためのホメオパシー活用方法を教えて下さい。特に5G マイクロ波。

回答⑤
5Gや4Gのホメオパシーのレメディー（Mobil-ph-5G や Mobil-ph-4G）30C、またはサポート5G4G（液体）をとることをお勧めします。マイクロ波には、環境シリーズのマイクロ波のレメディー（K-Micr-w）をお勧めします。

豊受式自然農の恩恵が
すべてに降り注がんことを！
万物生命、その存在自体に感謝し、
命そのものを生きられんことを！

由井寅子

とようけTV

CHhom

日本豊受自然農
ショップ＆レストラン

豊受モール

■講演者紹介　由井寅子(ゆい・とらこ)

ホメオパシー名誉博士／ホメオパシー博士(Hon.Dr.Hom ／ Ph.D.Hom)
日本ホメオパシー医学協会（JPHMA）名誉会長
英国ホメオパシー医学協会（HMA）認定ホメオパス
英国ホメオパス連合（ARH）認定ホメオパス
カレッジ・オブ・ホリスティック・ホメオパシー（CHhom）名誉学長
農業法人 日本豊受自然農株式会社代表

著書、訳書、DVD 多数。

代表作に『スピリットウォーターⅠ・Ⅱ』『スピリットフード』『ご先祖とインナーチャイルド』『ホメオパシー in Japan』など（以上ホメオパシー出版）、『免疫力を上げるスピリチュアルな方法』（大和出版）、『毒と私』（幻冬舎メディアコンサルティング）がある。
■ Torako Yui オフィシャルサイト https://www.torakoyui.com/

霊性農業入門

豊受式自然農講演録

2025年5月5日　初版 第一刷 発行

講演者　　由井 寅子

発行所　　ホメオパシー出版株式会社
〒158-0096　東京都世田谷区玉川台2-2-3
TEL:03-5797-3161　FAX:03-5797-3162
E-mail　info@homoeopathy-books.co.jp
ホメオパシー出版　https://www.homoeopathy-books.co.jp/

ISBN978-4-86347-136-8
落丁・乱丁本はお取替えいたします。